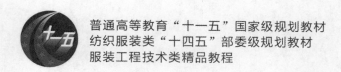

普通高等教育"十一五"国家级规划教材
纺织服装类"十四五"部委级规划教材
服装工程技术类精品教程

U0163301

服装工业制板 _{第四版}

APPAREL INDUSTRIAL PATTERN

丛书主编　张文斌

余国兴　方方　著

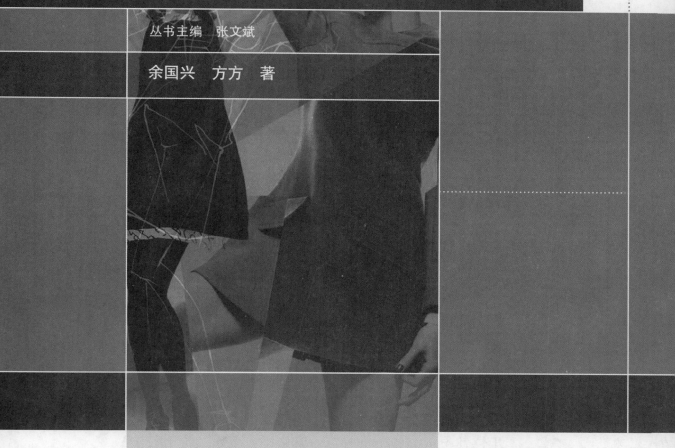

东华大学出版社·上海

图书在版编目(CIP)数据

服装工业制板 / 余国兴，方方著. —4 版. —上海：东华大学
出版社，2023.7

ISBN 978-7-5669-2230-4

Ⅰ.①服… Ⅱ.①余… ②方… Ⅲ.服装量裁 Ⅳ.TS941.631

中国国家版本馆 CIP 数据核字(2023)第 129590 号

责任编辑　谢　未
版式设计　王　丽
封面设计　Ivy 哈哈

服装工业制板(第四版)
FUZHUANG GONGYE ZHIBAN

余国兴　方　方　著

东华大学出版社出版

上海市延安西路 1882 号

邮政编码：200051　电话：(021)62193056

出版社网址：dhupress. dhu. edu. cn

出版社邮箱：dhupress@dhu. edu. cn

上海龙腾印务有限公司印刷

开本：787mm×1092mm　1/16　印张：20　字数：506 千字

2023 年 7 月第 4 版　2023 年 7 月第 1 次印刷

ISBN 978-7-5669-2230-4

定价：55.00 元

前　言

　　服装工业制板(又称服装工业纸样设计)是服装结构设计的后续和发展,是服装结构设计的配套课程,是高等院校服装专业的一门理论和实际相结合的专业课程。学习服装工业纸样设计的基本理论,了解服装生产的各种实际情况,是掌握服装工业纸样设计的重要途径,而真正地把基本理论和不同的生产实际情况进行有机结合,才能充分理解和完成服装工业纸样的设计。

　　在服装企业中,服装工业制板是一项非常重要的技术准备工作,它将为服装工业化大生产提供符合款式要求、面料要求、规格尺寸和工艺要求的可用于裁剪、缝制与整理的全套工业样板。服装工业纸样设计的正确与否,会直接影响所生产产品的质量优劣以及成品是否合格。

　　本书的编写内容,前五章的重点放在基础知识和基本理论方面,第六、第七、第八章主要是男、女装和童装的实例分析,重点是服装工业制板的基本理论与生产实际应用的有机结合。本书主要著者为东华大学服装与艺术设计学院余国兴、方方。全书共分九章,其中第一章由余国兴、方方编写;第二、第三、第四章由余国兴编写;第五章由余国兴、刘丹编写;第六章由余国兴、李娟、王凤丽编写;第七章由余国兴、王凤丽、陈丽编写;第八章由方方、周驰编写;第九章由缪旭静编写。全书统稿由余国兴完成。

　　参与本书材料收集、图片和效果图描绘的还有董雅权、罗瑞华、余捷、周驰、伍霞、陈纯、董金依等。

　　本书所编写的内容有不当之处请读者和同仁批评与指正。对本书引用的文献著作者致以诚挚的谢意!

著者

2023 年 3 月

目 录
contents

第一章 概 述

本章主要叙述了服装工业纸样设计的基本概念与常用术语、服装工业纸样的种类、服装基准纸样的确定和服装号型国家标准。

第一节 基本概念与常用术语

一、基本概念

服装工业纸样设计是服装结构设计的后续和发展,是服装结构设计的配套课程,是高等院校服装专业的一门理论和实际相结合的专业课程。学习服装工业纸样设计的基本理论,了解服装生产的各种实际情况,是掌握服装工业纸样设计的重要途径,而真正地把基本理论和不同的生产实际情况进行有机地结合,才能充分地理解和完成服装工业纸样的设计。

服装工业纸样设计就是为服装工业化大生产提供符合款式要求、面料要求、规格尺寸和工艺要求的可用于裁剪、缝制与整理的全套工业纸样(样板)。它是一项十分重要的技术准备工作,会直接影响所生产产品的质量优劣以及成品是否合格。

服装工业纸样设计的主要内容包含以下几方面:

(1)根据款式设计的要求进行基准纸样的确定。

(2)根据基准纸样的要求进行成品规格档差的确定。

(3)根据成品规格档差的要求进行全套工业纸样的制作。

(4)根据不同规格尺寸的数量进行排料和算料。

二、常用术语

(1)服装样板:服装工业纸样又称服装结构样板,简称服装样板,是服装工业化大生产用于裁剪、缝制与整理服装的重要技术资料。服装样板可分为两大类:裁剪样板(有缝份的毛样)、工艺样板(有缝份的毛样和无缝份的净样)。

(2)缝份:对缝制工艺来讲,按不同缝份的形式加放的缝份量是有差异的。常见的缝份形式有分开缝(0.7～1cm)、倒缝(相同缝份0.7～1cm或大小缝份0.5～1cm、1～2cm)、包缝(内包缝和外包缝0.5～1cm)、来去缝(1～1.2cm)、装饰缝(缉塔克)、滚边、绷缝、折边等。

(3)样板推档:在服装行业中,由于地区与传统的习惯不同,对这一工艺有不同的命名。有的称样板推档、有的称样板推挡、有的称样板缩放、有的称扩号等。

(4)服装规格:服装规格是制作样板、裁剪、缝纫、销售的重要环节,更是决定成衣质量和商品性能的重要依据。

(5)规格档差:主要包括成品规格档差(如衣长、胸围、领围、肩宽、袖长等)、各具体部位档差和细部档差(如袖窿深、袖山深、口袋位置及大小等)。

(6)服装号型国家标准:每个国家的国情不同,人体体型各有差别,因此每个国家都有各自的服装号型国家标准。

(7)服装号型系列:我国在 2008 年 12 月 31 日发布了 GB1335—2008《服装号型》标准。从 2009 年 8 月 1 日起正式实施,同时代替 GB1335—1997《服装号型》标准。目前,它是我们确定服装规格和规格档差的科学依据和统一标准。

(8)坐标轴:按数学中确定的二维的直角坐标,横向(水平)为 X 轴;纵向(垂直)为 Y 轴。

(9)放码点:又称为位移点,是服装 CAD 的专业词语,是服装样板在样板推档中的关键点、结构线条的拐点或交叉点。

(10)位移方向:在进行样板推档时,每个放码点根据规格档差在横向 X 轴、纵向 Y 轴上存在一定值的位移量,位移有上、下、左、右、左上、左下、右上、右下八个方向。

(11)坐标原点:按数学中确定的二维的直角坐标的原点,即横向 X 轴和纵向 Y 轴的交叉点。在进行样板推档时,坐标原点的确定是十分重要的,它将决定你事半功倍或事倍功半。

(12)缩水率或热缩率:面料遇水后,在面料的纵向或横向长度上发生的变化率称为缩水率;面料经加温加湿后,在面料的纵向或横向长度上发生的变化率称为热缩率。缩水率和热缩率的大小,是制定裁剪样板加放的依据。

第二节　服装工业纸样的种类

一、裁剪样板

裁剪样板通常是在成衣生产的批量裁剪时运用的。它主要由面子样板、里子样板、衬料样板等组成。

(1)面子样板:一般指的是服装结构图中的主件部分,如前片、后片、袖子、领子、口袋、袋盖、袖克夫、挂面等。这些样板大部分含有缝份、贴边。每个面子样板都有规定的文字标注,如某某产品货号、产品名称、号码尺寸(S、M、L;165/84A、170/88A、175/92A)、结构名称和片数(是否对称)、面料布纹方向(或倒顺毛方向)、对位剪口等。

(2)里子样板:通常缝份比面子样板需适当增加(穷面子富夹里),但在贴边处相对于面子样板需减少一定的量。另外,面子样板一般是分割的衣片,而里子尽量做到不分割。每个里子样板也都有规定内容的标注。

(3)衬料样板:根据不同款式所需的衬料和衬料的具体部位确定毛样和净样(胸衬、袖口衬、领衬等)。

二、工艺样板

工艺样板通常是在成衣生产的缝制和熨烫过程中运用的。它主要由修正样板、定位样板、定型样板等组成。

(1)修正样板:又称劈样,有毛样,也有净样。如:西服前片加衬变形后,需进行修正;分割较多的衣片,经拼接后需进行修正;有特殊缝制要求的衣片(如缝制塔克工艺)以及有对条对格要求的均需进行修正。修正样板上需有布纹方向（或倒顺毛方向）、袋口位置、省道位置、剪口对位等规定内容的标注。

（2）定位样板：一般用于纽扣、口袋、装饰定位等，大部分是净样。

（3）定型样板：有的是用于勾画前止口、领子、袋盖等缝缉的基准线，有的是用于口袋、腰带、腰襻等小部件的整烫，也有的是用于烫褶裥、烫贴边、门襟翻边等，大部分是净样。

每个产品的样板设计完成后，要进行认真的检查、校核，并按不同的号码相对集中归类、归档存放。

第三节　服装基准纸样的确定

服装基准纸样的确定是服装工业化大生产前的必要条件之一，一般来讲确定服装基准纸样有以下几种情况。

一、客户提供款式图（效果图、照片、杂志）和生产要求（接定单生产）

依据上述情况，我们需做下列准备工作：

（1）根据款式图和生产要求确定基准纸样的尺寸（一般以中间体为标准）。

（2）根据该款式和生产要求选择所需的面、辅料，并且对面、辅料进行相应的测试（缩水率、热缩率等）。

（3）分析该产品的生产加工流程（是否需要特种加工设备或印花、绣花等工序）。

（4）绘制基准纸样与制作样品。

（5）分析样品（对款式要求、样品制作、生产流程、生产成本、各项经济成本等进行分析与核算）。

（6）修改样品和最后确定基准纸样（封样确认）。

二、客户提供样品（正确的样品或需修改的样品）和生产要求（接定单生产）

依据上述情况，我们需做下列准备工作：

（1）分析来样（款式特点，规格尺寸及各部位尺寸，面辅、料性能，生产要求）。

（2）选择所需的面、辅料，并且对面、辅料进行相应的测试（缩水率、热缩率等）。

（3）绘制基准纸样与制作样品。

（4）分析样品（对照来样、核算各项经济成本等）。

（5）修改样品和最后确定基准纸样（封样确认）。

三、本公司自行设计、生产与销售（自产自销）

依据上述情况，我们需做下列准备工作：

（1）进行款式设计，确定款式特点。

（2）根据款式特点和生产要求确定基准纸样的尺寸。

（3）选择所需的面、辅料，并且对面、辅料进行相应的测试。

（4）绘制基准纸样与制作样品。

（5）分析样品、核算各项经济成本。

（6）修改与确定基准纸样和样品（封样确认）。

第四节　服装号型标准

一、服装号型的发展

我国第一部《服装号型》国家标准由原国家轻工业部于 1974 年开始对我国 21 个省市近 40 万不同职业层次的人员进行人体测量,把所测的数据进行科学的整理、计算,求出各部位的平均值、标准差及相关数据。并于 1981 年开始实施。经过 10 年左右的应用、总结和修订,参照国外的有关资料,于 1991 年发布了第二部《服装号型》国家标准。第二部"国标"具体地把人体的胸围和腰围之差分成四种体型,即:Y 型(偏瘦型)、A 型(正常型)、B 型(略胖型)、C 型(偏肥型)。四种体型中 A、B 两种体型约占人口总量的 70%左右,C 型、Y 型约占人口总量的百分之二十几,只有百分之几不属于这四种体型。

1998 年 6 月 1 日实施的第三部国家号型系列 GB/T1335.1～1335.3—1997 标准是依据 GB/T1.1—1993《标准化工作导则 第 1 单元:标准的起草与表述规则 第 1 部分:标准编写的基本规定》的要求进行修订的。在修订中取消了 5·3 系列和人体各部位的测量方法及测量示意图。

在儿童号型制定上,儿童服装标准与成人服装标准的衔接,一直是一个难题,GB1335.3—1991 中成功地解决了这个难题,它按照十年来儿童体型发展的新趋势,调整了控制部位数据,明显地改进了 GB 1335—1981 中的儿童服装号型。

2009 年 8 月 1 日实施的第四部国家号型系列 GB/T1335.1—2008《服装号型 男子》,GB/T1335.2—2008《服装号型 女子》和 2010 年 1 月 1 日实施的 GB/T1335.3—2009《服装号型 儿童》标准是依据 GB/T1335.1～1335.3—1997 进行修订的。

主要变化是修改了标准的英文名称;标准的规范性引用文件;在男子部分增加了号为 190 及对应的型的设置、增加了号为 190 的控制部位值;在女子部分增加了号为 180 及对应的型的设置、增加了号为 180 的控制部位值。

在儿童号型制定上,根据 ISO 3635、ISO 3637 定义和人体测量程序、女子和女童外衣标准、日本 JIS IA—001《婴幼儿衣服尺寸》标准等的分析,以及对原标准执行情况的调查研究,新增加的婴幼儿号型的"号",以 52cm 为起点,以 80cm 为终点。作为婴幼儿部分,"号"以 7cm 分档;身高 80～130cm 的儿童,"号"以 10cm 分档;身高 130～160cm 的儿童,"号"以 5cm 分档。

二、服装号型的基本概念

1. 号型定义

"号"(Height)指人体的身高,以厘米为单位表示,是设计和选购服装长短的依据。

身高与颈椎点高、坐姿颈椎点高、腰围高、全臂长密切相关,且存在一定的比例关系。

"型"(Girth)指人体的上体胸围和下体腰围,以厘米为单位表示,是设计和选购服装肥瘦的依据。

胸围、腰围与颈围、臀围、肩宽等围度尺寸紧密联系。在样板推档时,其档差存在一定的比例关系。

2.体型分类

体型分类是根据人体的净胸围（B*）与净腰围（W*）的差数为依据划分成 Y、A、B、C 四种体型。男、女体型分类的代号如表 1-1。

表 1-1　男、女体型分类的代号　　　　　　　　　　　　　　　　(cm)

体型分类代号	Y	A	B	C
男(B*－W*)	17～22	12～16	7～11	2～6
女(B*－W*)	19～24	14～18	9～13	4～8

3.男子号型系列

不同体型男人体主要部位的数值（系净体数值）见表 1-2、1-3、1-4、1-5。

表 1-2　男人体 5·4、5·2Y号型系列控制部位数值　　　　　　　　(cm)

部位	Y															
	数　　值															
身高	155		160		165		170		175		180		185		190	
颈椎点高	133.0		137.0		141.0		145.0		149.0		153.0		157.0		161.0	
坐姿颈椎点高	60.5		62.5		64.5		66.5		68.5		70.5		72.5		74.5	
全臂长	51.0		52.5		54.0		55.5		57.0		58.5		60.0		61.5	
腰围高	94.0		97.0		100.0		103.0		106.0		109.0		112.0		115.0	
胸围	76		80		84		88		92		96		100		104	
颈围	33.4		34.4		35.4		36.4		37.4		38.4		39.4		40.4	
总肩宽	40.4		41.6		42.8		44.0		45.2		46.4		47.6		48.8	
腰围	56	68	60	62	64	66	68	70	72	74	76	78	80	82	84	86
臀围	78.8	80.4	82.0	83.6	85.2	86.8	88.4	90.0	91.6	93.2	94.8	96.4	98.0	99.6	101.2	102.8

表 1-3　男人体 5·4、5·2A号型系列控制部位数值　　　　　　　　(cm)

部位	A																							
	数　　值																							
身高	155			160			165			170			175			180			185			190		
颈椎点高	133.0			137.0			141.0			145.0			149.0			153.0			157.0			161.0		
坐姿颈椎点高	60.5			62.5			64.5			66.5			68.5			70.5			72.5			74.5		
全臂长	51.0			52.5			54.0			55.5			57.0			58.5			60.0			61.5		
腰围高	93.5			96.5			99.5			102.5			105.5			108.5			111.5			114.5		
胸围	72			76			80			84			88			92			96			100			104
颈围	32.8			33.8			34.8			35.8			36.8			37.8			38.8			39.8			40.8
总肩宽	38.8			40.0			41.2			42.4			43.6			44.8			46.0			47.2			48.4
腰围	56	58	60	60	62	64	64	66	68	68	70	72	72	74	76	76	78	80	80	82	84	84	86	88	88	90	92
臀围	75.6	77.2	78.8	78.8	80.4	82.0	82.0	83.6	85.2	85.2	86.8	88.4	88.4	90.0	91.6	91.6	93.2	94.8	94.8	96.4	98.0	98.0	99.6	101.2	101.2	102.8	104.4

表 1-4　男人体 5·4、5·2B 号型系列控制部位数值　　　　　　　　　　(cm)

部位	B 数值																			
身高	155		160		165		170		175		180		185		190					
颈椎点高	133.5		137.5		141.5		145.5		149.5		153.5		157.5		161.5					
坐姿颈椎点高	61.0		63.0		65.0		67.0		69.0		71.0		73.0		75					
全臂长	51.0		52.5		54.0		55.5		57.0		58.5		60.0		61.5					
腰围高	93.0		96.0		99.0		102.0		105.0		108.0		111.0		114.0					
胸围	72		76		80		84		88		92		96		100		104		108		112
颈围	33.2		34.2		35.2		36.2		37.2		38.2		39.2		40.2		41.2		42.2		43.2
总肩宽	38.4		39.6		40.8		42.0		43.2		44.4		45.6		46.8		48.0		49.2		50.4
腰围	62	64	66	68	70	72	74	76	78	80	82	84	86	88	90	92	94	96	98	100	102	104
臀围	79.6	81.0	82.4	83.8	85.2	86.6	88.0	89.4	90.8	92.2	93.6	95.0	96.4	97.8	99.2	100.6	102.0	103.4	104.8	106.2	107.6	109.0

表 1-5　男人体 5·4、5·2C 号型系列控制部位数值　　　　　　　　　　(cm)

部位	C 数值																			
身高	155		160		165		170		175		180		185		190					
颈椎点高	134.0		138.0		142.0		146.0		150.0		154.0		158.0		162.0					
坐姿颈椎点高	61.5		63.5		65.5		67.5		69.5		71.5		73.5		75.5					
全臂长	51.0		52.5		54.0		55.5		57.0		58.5		60.0		61.5					
腰围高	93.0		96.0		99.0		102.0		105.0		108.0		111.0		114.0					
胸围	76		80		84		88		92		96		100		104		108		112		116
颈围	34.6		35.6		36.6		37.6		38.6		39.6		40.6		41.6		42.6		43.6		44.6
总肩宽	39.2		40.4		41.6		42.8		44.0		45.2		46.4		47.6		48.8		50.0		51.2
腰围	70	72	74	76	78	80	82	84	86	88	90	92	94	96	98	100	102	104	106	108	110	112
臀围	81.6	83.0	84.4	85.8	87.2	88.6	90.0	91.4	92.8	94.2	95.6	97.0	98.4	99.8	101.2	102.6	104.0	105.4	106.8	108.2	109.6	111

4. 女子号型系列

不同体型女人体主要部位的数值(系净体数值)见表 1-6、1-7、1-8、1-9。

表 1-6　女人体 5·4、5·2Y 号型系列控制部位数值　　　　　　　　　　(cm)

部位	Y 数值															
身高	145		150		155		160		165		170		175		180	
颈椎点高	124.0		128.0		132.0		136.0		140.0		144.0		148.0		152.0	
坐姿颈椎点高	56.5		58.5		60.5		62.5		64.5		66.5		68.5		70.5	
全臂长	46.0		47.5		49.0		50.5		52.0		53.5		55.0		56.5	
腰围高	89.0		92.0		98.0		98.0		101.0		104.0		107.0		110	
胸围	72		76		80		84		88		92		96		100	
颈围	31.0		31.8		32.6		33.4		34.2		35.0		35.8		36.6	
总肩宽	37.0		38.0		39.0		40.0		41.0		42.0		43.0		44.0	
腰围	50	52	54	56	58	60	62	64	66	68	70	72	74	76	78	80
臀围	77.4	79.2	81.0	82.8	84.6	86.4	88.2	90.0	91.8	93.6	95.4	97.2	99.0	100.8	102.6	104.4

表 1-7　女人体 5·4、5·2A 号型系列控制部位数值　(cm)

A

部位	数值																							
身高	145			150			155			160			165			170			175			180		
颈椎点高	124.0			128.0			132.0			136.0			140.0			144.0			148.0			152.0		
坐姿颈椎点高	56.5			58.5			60.5			62.5			64.5			66.5			68.5			70.5		
全臂长	46.0			47.5			49.0			50.5			52.0			53.5			55.0			56.5		
腰围高	89.0			92.0			95.0			98.0			101.0			104.0			107.0			110.0		
胸围	72			76			80			84			88			92			96			100		
颈围	31.2			32.0			32.8			33.6			34.4			35.2			36.0			36.8		
总肩宽	36.4			37.4			38.4			39.4			40.4			41.4			42.4			43.4		
腰围	54	56	58	58	60	62	62	64	66	66	68	70	70	72	74	74	76	78	78	80	84	82	84	86
臀围	77.4	79.2	81.0	81.0	82.8	84.6	84.6	86.4	88.2	88.2	90.0	91.8	91.8	93.6	95.4	95.4	97.2	99.0	99.0	100.8	102.6	102.6	104.4	106.2

表 1-8　女人体 5·4、5·2B 号型系列控制部位数值　(cm)

B

部位	145	150	155	160	165	170	175	180
身高	145	150	155	160	165	170	175	180
颈椎点高	124.5	128.5	132.5	136.5	140.5	144.5	148.5	152.5
坐姿颈椎点高	57.0	59.0	61.0	63.0	65.0	67.0	69.0	71
全臂长	46.0	47.5	49.0	50.5	52.0	53.0	55.0	56.5
腰围高	89.0	92.0	95.0	98.0	101.0	104.0	107.0	110.0

部位	数值																					
胸围	68		72		76		80		84		88		92		96		100		104		108	
颈围	30.6		31.4		32.2		33.0		33.8		34.6		35.4		36.2		37.0		37.8		38.6	
总肩宽	34.8		35.8		36.8		37.8		38.8		39.8		40.8		41.8		42.8		43.8		44.8	
腰围	56	58	60	62	64	66	68	70	72	74	76	78	80	82	84	86	88	90	92	94	96	98
臀围	78.4	80.0	81.6	83.2	84.8	86.4	88.0	89.6	91.2	92.8	94.4	96.0	97.6	99.2	100.8	102.4	104.0	105.6	107.2	108.8	110.4	112.0

表 1-9　女人体 5·4、5·2C 号型系列控制部位数值　(cm)

C

部位	145	150	155	160	165	170	175	180
身高	145	150	155	160	165	170	175	180
颈椎点高	124.5	128.5	132.5	136.5	140.5	144.5	148.5	152.5
坐姿颈椎点高	56.5	58.5	60.5	62.5	64.5	66.5	68.5	70.5
全臂长	46.0	47.5	49.0	50.5	52.0	53.5	55.0	56.5
腰围高	89.0	92.0	95.0	98.0	101.0	104.0	107.0	110.0

部位	数值																							
胸围	68		72		76		80		84		88		92		96		100		104		108		112	
颈围	30.8		31.6		32.4		33.2		34.0		34.8		35.6		36.4		37.2		38.0		38.8		39.6	
总肩宽	34.2		35.2		36.2		37.2		38.2		39.2		40.2		41.2		42.2		43.2		44.2		45.2	
腰围	60	62	64	66	68	70	72	74	76	78	80	82	84	86	88	90	92	94	96	98	100	102	104	106
臀围	78.4	80.0	81.6	83.2	84.8	86.4	88.0	89.6	91.2	92.8	94.4	96.0	97.6	99.2	100.8	102.4	104.0	105.6	107.2	108.8	110.4	112.0	113.6	115.2

从表中可知,身高、颈椎点高、坐姿颈椎点高、全臂长、腰围高,可以作为制定服装衣长、袖长、背长、裤长、裙长的参考依据。胸围、腰围、颈围、臀围、总肩宽可作为制定服装胸围、腰围、领围、臀围、肩宽进行加放松量的依据。根据测量数据表明,男人 A 型体的中间体为身高 170cm、净胸围 88cm;女人 A 型体的中间体身高为 160cm、净胸围 84cm。人体的高度随着人们的生活水平的提高已有所变化。从近两年市场上销售服装所需的不同规格尺寸比例可知,人体的高度还在继续增高。但需注意的是不同地区的情况是有所不同的,在我国的东北地区人的体型相对来说"身高体壮",而南方地区如四川、云南、广东、福建等相对来说身材"矮小苗条"些。

5.号型标志

号型标志是服装号型规格的代号。成品服装必须标明号型标志,号、型之间用斜线分开,后接体型分类代号。例如:男 170/88A、女 160/84A,其中 170、160 分别表示身高为 170cm、160cm,88、84 分别表示净胸围为 88cm、84cm,A 表示体型代号,从表 1-1 中可知男人 A 体型的净胸围与净腰围的差数为 12～16cm;女人 A 体型的净胸围与净腰围的差数为 14～18cm。

"号型系列"是指将人体的号和型进行有规则的分档排列与组合。在国标中规定成人的身高以 5cm 分档,分成 8 档,男子标准从 155cm、160cm、165cm、170cm、175cm、180cm、185cm、190cm;女子标准从 145cm、150cm、155cm、160cm、165cm、170cm、175cm、180cm 组成系列;胸围以 4cm 分档组成系列;腰围以 4cm、2cm 分档组成系列;身高与胸围搭配组成 5·4 号型系列;身高与腰围搭配组成 5·4、5·2 号型系列。

号型系列中的各数值均以中间体为中心,向两边依次递增或递减组成。中间体是指人体测量的总数中占有最大比例的体型。国家设置的中间体是针对全国范围而言,各个地区的情况会有差别,在设置时需根据不同情况而定,但必须在国家规定的号型系列范围内。表 1-10 是男子 5·4、5·2A 号型系列、表 1-11 是女子 5·4、5·2A 号型系列。

表 1-10　男子 5·4、5·2A 号型系列　　　　　　　　　　(cm)

胸围	A																								
	身高																								
	155			160			165			170			175			180			185			190		
	腰围																								
72				56	58	60	56	58	60																
76	60	62	64	60	62	64	60	62	64	60	62	64													
80	64	66	68	64	66	68	64	66	68	64	66	68	64	66	68										
84	68	70	72	68	70	72	68	70	72	68	70	72	68	70	72	68	70	72							
88	72	74	76	72	74	76	72	74	76	72	74	76	72	74	76	72	74	76	72	74	76				
92				76	78	80	76	78	80	76	78	80	76	78	80	76	78	80	76	78	80	76	78	80
96							80	82	84	80	82	84	80	82	84	80	82	84	80	82	84	80	82	84
100										84	86	88	84	86	88	84	86	88	84	86	88	84	86	88
104													88	90	92	88	90	92	88	90	92	88	90	92

表 1-11　女子 5·4、5·2A 号型系列　　　　　　　　　　　(cm)

胸围	A																							
	身高																							
	145			150			155			160			165			170			175			180		
	腰围																							
72				54	56	58	54	56	68	54	56	58												
76	58	60	62	58	60	62	58	60	62	58	60	62	58	60	62									
80	62	64	66	62	64	66	62	64	66	62	64	66	62	64	66	62	64	66						
84	66	68	70	66	68	70	66	68	70	66	68	70	66	68	70	66	68	70	66	68	70			
88	70	72	74	70	72	74	70	72	74	70	72	74	70	72	74	70	72	74	70	72	74	70	72	74
92				74	76	78	74	76	78	74	76	78	74	76	78	74	76	78	74	76	78	74	76	78
96							78	80	82	78	80	82	78	80	82	78	80	82	78	80	82	78	80	82
100							82	84	86	82	84	86	82	84	86	82	84	86	82	84	86	82	84	86

6.儿童号型系列

GB/T1335.3—2009 中对于儿童服装号型的规定如下：

身高 52～80cm 的婴儿，身高以 7cm 分档，胸围以 4cm 分档，腰围以 3cm 分档，分别组成 7·4 系列和 7·3 系列（表 1-12、表 1-13）。

身高 80～130cm 的儿童，身高以 10cm 分档，胸围以 4cm 分档，腰围以 3cm 分档，分别组成 10·4 系列和 10·3 系列（表 1-14、表 1-15）。

身高 135～155cm 的女童，135～160cm 的男童，身高以 5cm 分档，胸围以 4cm 分档，腰围以 3cm 分档，分别组成 5·4 系列和 5·3 系列（表 1-16～表 1-19）。

表 1-12　身高 52～80cm 婴儿上装号型系列　　　　　　　　　(cm)

号	型		
52	40		
59	40	44	
66	40	44	48
73		44	48
80			48

表 1-13　身高 52～80cm 婴儿下装号型系列　　　　　　　　　(cm)

号	型		
52	41		
59	41	44	
66	41	44	47
73		44	47
80			47

表 1-14 身高 80~130cm 儿童上装号型系列　　　　　　　　　　　　　（cm）

号	型				
80	48				
90	48	52	56		
100	48	52	56		
110		52	56		
120		52	56	60	
130			56	60	64

表 1-15 身高 80~130cm 儿童下装号型系列　　　　　　　　　　　　　（cm）

号	型				
80	47				
90	47	50	53		
100	47	50	53		
110		50	53		
120		50	53	56	
130			53	56	59

表 1-16 身高 135~160cm 男童上装号型系列　　　　　　　　　　　　（cm）

号	型					
135	60	64	68			
140	60	64	68			
145		64	68	72		
150		64	68	72		
155			68	72	76	
160				72	76	80

表 1-17 身高 135~160cm 男童下装号型系列　　　　　　　　　　　　（cm）

号	型					
135	54	57	60			
140	54	57	60			
145		57	60	63		
150		57	60	63		
155			60	63	66	
160				63	66	69

表 1-18 身高 135~155cm 女童上装号型系列　　　　　　　　　　　　（cm）

号	型					
135	56	60	64			
140		60	64			
145			64	68		
150			64	68	72	
155				68	72	76

表 1-19　身高 135～155cm 女童下装号型系列　　　　　　　　　　（cm）

号	型				
135	49	52	55		
140		52	55		
145			55	58	
150			55	58	61
155				58	61	64

儿童号型各系列控制部位数值（表 1-20～表 1-22）：

表 1-20　身高 80～130cm 儿童控制部位的数值　　　　　　　　（cm）

	号	80	90	100	110	120	130
长度部位	身高	80	90	100	110	120	130
	坐姿颈椎点高	30	34	38	42	46	50
	全臂长	25	28	31	34	37	40
	腰围高	44	51	58	65	72	79

	上装型	48	52	56	60	64
围度部位	胸围	48	52	56	60	64
	颈围	24.2	25	25.8	26.6	27.4
	总肩宽	24.4	26.2	28	29.8	31.6

	下装型	47	50	53	56	59
围度部位	腰围	47	50	53	56	59
	臀围	49	54	59	64	69

表 1-21　身高 135～160cm 男童控制部位的数值　　　　　　　　（cm）

	号	135	140	145	155	160
长度部位	身高	135	140	145	155	160
	坐姿颈椎点高	49	51	53	57	59
	全臂长	44.5	46	47.5	50.5	52
	腰围高	83	86	89	95	98

	上装型	60	64	68	72	76	80
围度部位	胸围	60	64	68	72	76	80
	颈围	29.5	30.5	31.5	32.5	33.5	34.5
	总肩宽	34.5	35.8	37	38.2	39.4	40.6

	下装型	54	57	60	63	66	69
围度部位	腰围	54	57	60	63	66	69
	臀围	64	68.5	73	77.5	82	86.5

表 1-22　身高 135～155cm 女童控制部位的数值　　　　　　　　　　　　(cm)

号		135	140	145	150	155
长度部位	身高	135	140	145	150	155
	坐姿颈椎点高	50	52	54	56	58
	全臂长	43	44.5	46	47.5	49
	腰围高	84	87	90	93	96

围度部位	上装型	60	64	68	72	76
	胸围	60	64	68	72	76
	颈围	28	29	30	31	32
	总肩宽	33.8	35	36.2	37.4	38.6

围度部位	下装型	52	55	58	61	64
	腰围	52	55	58	61	64
	臀围	66	70.5	75	79.5	84

三、服装号型标准的应用

1. 号型应用

对着装者来说,首先要根据净胸围与净腰围的差数确定自己属于哪一种体型,然后看身高和净胸围(腰围)是否和号型设置一致,如果一致则可对号入座,如有差异则采用近距靠拢法。

考虑到服装造型和穿着的习惯,某些矮胖和瘦长体型的人,也可选大一档的号或大一档的型。

对服装企业来说,首先从标准规定的各系列中选用适合本地区的号型系列,然后考虑每个号型适应本地区的人口比例和市场需求情况,相应地安排生产数量。

各体型人体的比例,分体型、分地区的号型覆盖率可参考国家标准,同时也应产生一定比例的两头号型,以满足各部分人群的穿着需求。

2. 号型配置

对于服装企业来说,必须根据选定的号型系列编出产品系列的规格表,这是对正规化生产的一种基本要求。规格系列表中的号型,基本上能满足某一体型 90% 以上人们的需求,但在实际生产和销售中,由于投产批量小,品种不同,服装款式或穿着对象不同等客观原因,往往不能或者没有必要全部完成规格系列表中的规格配置,而是选用其中的一部分规格进行生产或选择部分热销的号型安排生产。在规格设计时,可根据规格系列表并结合实际情况编制出生产所需要的号型配置,即号型配置就是选出最常用的号与型的搭配形式,使其使用更加合理。配置一般有几种形式:

号和型同步配置,形式为 160/80、165/84、170/88、175/92、180/96。

一号和多型配置,形式为 170/80、170/84、170/88、170/92、170/96。

多号和一型配置,形式为 165/88、170/88、175/88、180/88、185/88。

　　有时可把以上的配置进行排列组合,如 160/80、165/84、170/88、175/88、175/92、175/96、180/100、180/104、185/108。

　　按号和型同步配置确定的规格尺寸进行样板推档,档差少,生产容易管理,但适合群体对象少;按多号型组合配置确定的规格尺寸进行样板推档,档差多,生产不易管理,但适合群体对象多。

第二章　服装工业纸样构成技术规定

本章主要介绍制作服装工业纸样的工具、服装工业纸样构成技术的一般规定、服装工业纸样的技术文件。

第一节　制作服装工业纸样的工具

制作服装工业纸样的常见工具有如下品种：

（1）绘图笔：2H 铅笔（用于画细实线、基准线）、HB 或 2B 铅笔（用于画粗实线或加深）、记号笔（用于书写或作记号）。

（2）绘图尺：直尺（长尺 60cm、短尺 30cm）、三角尺、软尺（一面是厘米，另一面是英寸）、曲线板、弯曲尺（可随意弯曲，以测量不同弧形的数据）等。

（3）纸：70g/m² 白纸（一般用于服装 CAD 的绘图机）、80g/m² 白纸或牛皮纸（一般用于制作基准样板，封样用）、120g/m² 或 1mm 厚的硬纸板（裁剪样板、修正样板）、白卡纸（工艺样板中的定位样板）、聚酯材料或金属薄片（工艺样板中的定型样板）、1mm 厚的硬纸板（裁剪样板、修正样板）等。

（4）剪刀：裁剪刀（10″、11″、12″）、剪口剪（样板对位之用）。

（5）辅助工具：点线器（复制线条之用）、锥子、钉书机、透明胶带、大头针、冲孔器（小的 3mm，大的 8mm）、浆糊、人台等。

第二节　服装工业纸样构成技术规定

一、服装工业纸样加放缝份

服装工业纸样的加放缝份主要与款式特点、缝制工艺有关。

对款式特点来讲，如男西装的裁剪样板（图 2-1）、男西裤的裁剪样板（图 2-2），其拼接缝的缝份为 1cm，某些部位如后中缝、后上裆缝需适当加放缝份，底边的贴边一般放 4cm；但有些流行款式，领口和底边采用密拷缝边的则不需加放缝份；有些圆弧形的底边则加放少量的缝份（0.5～1cm）。

对缝制工艺来讲，按不同缝份的形式加放的缝份量也是有差异的。常见的缝份形式有分开缝（0.7～1cm）、倒缝（相同缝份 0.7～1cm 或大小缝份 0.5～1cm、1～2cm）、包缝（内包缝和外包缝 0.5～1cm）、来去缝（1～1.2cm）、装饰缝（缉塔克）、滚边、绷缝、折边等。

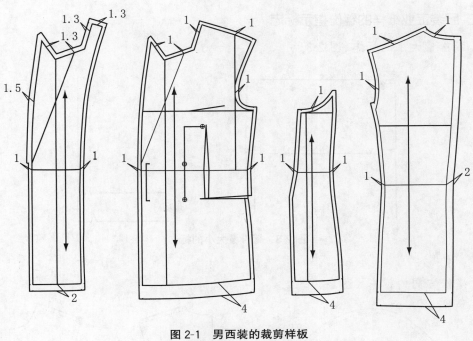

图 2-1　男西装的裁剪样板

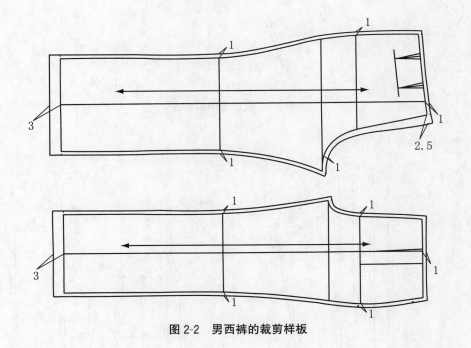

图 2-2　男西裤的裁剪样板

二、服装工业纸样的缝份指示标志

1. 缝份量大小的标志（图 2-3）

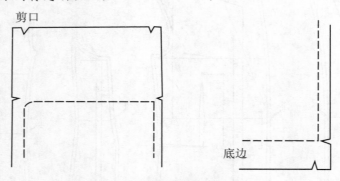

剪口

底边

图 2-3　缝份量大小的标志

2. 缝份方向的标志（图 2-4）

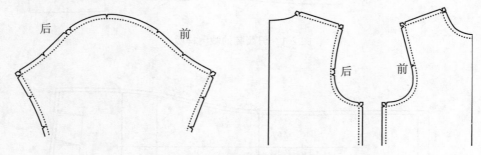

后　　　　前

后　　前

图 2-4　缝份方向的标志

3. 缝份对位的标志（图 2-5）

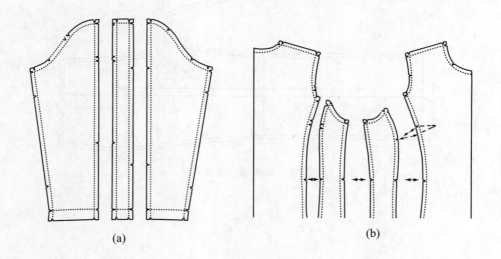

(a)　　　　　　　　　　　　　　　(b)

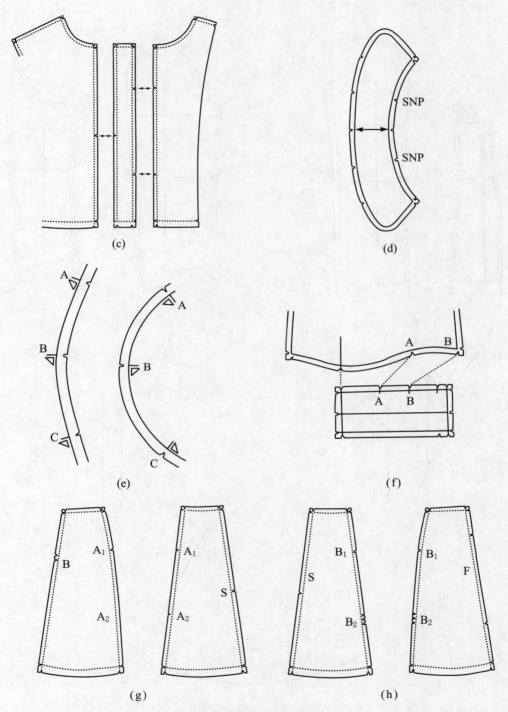

图 2-5 缝份对位的标志

4.缝份量形状的标志（图 2-6）

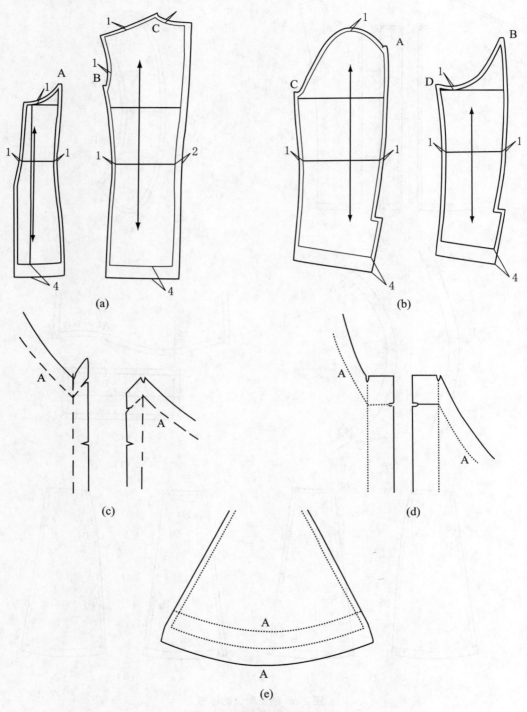

图 2-6　缝份量形状的标志

5.缝制部件定位的标志（图 2-7）

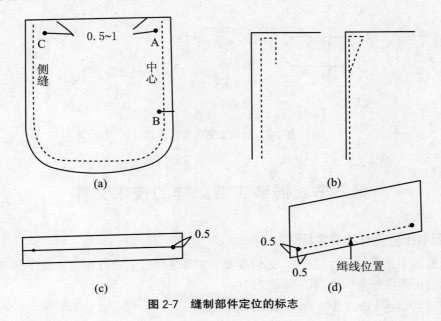

图 2-7　缝制部件定位的标志

6.缝制工艺的指示标志（图 2-8）

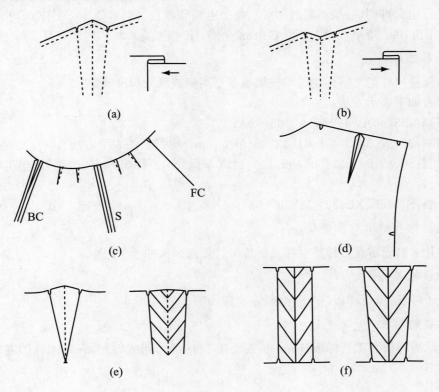

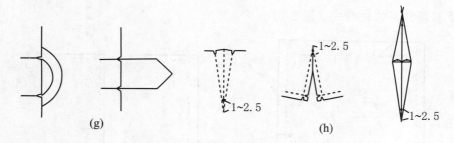

图 2-8　缝制工艺的指示标志

第三节　服装工业纸样的技术文件

一、服装工业纸样的文字标注

整套服装工业纸样设计完成前,必须按要求在每块样板上进行相应的文字标注,以保证生产管理的正确性与条理性,其主要内容有:

1. 产品的货号(产品的名称)

每个公司对产品货号的命名都有自己的一套方法,主要能反映出该产品的款式特点、生产日期、所使用的材料、内外销客商等。产品货号的文字标注通常用英文字母和阿拉伯数字按约定进行组合排列(一般不超过 10 位,便于电脑管理)。例如,Q04022CJK(Q 指客户的代号,04 指年份,022 指第 22 款,C 指 Cotton 全棉,JK 指夹克)。

2. 产品的规格

产品规格尺寸的文字标注通常按国家号型系列或国际标准确定。

一般有如下表示方法:

号型制:155/80A,160/84A、165/88A;

领围制:36、37、38、39、40、41、42、43(单位:cm。男衬衫的表示方法);

胸围制:80、85、90、95、100、105、110、115(单位:cm。针织内衣、运动衫、羊毛衫等的表示方法);

代号制:S、M、L、XL;32″、34″、36″、38″、40″(英寸）。

3. 纸样结构的名称和数量

如前片×2(表示有 2 片且对称)、后片×1、领面×1、袖子×2 等。

4. 样板的名称

如面子样板、里子样板、定型样板、定位样板等。

5. 布纹的标注

对于裁剪样板和工艺样板(部分)需标注布纹的经纬向或斜向,有方向性的需标注顺倒方位。

二、服装工业纸样的技术文件

自服装工业化生产以来，服装产品生产的全过程便是一个企业内部多层次、多方位、多工种、多人员、多子过程的系统综合性工程，就是围绕生产技术文件展开的一系列过程活动，通过对这些过程的策划以及控制，从而达到保证产品质量，保证客户满意，获取最大经济效益的目的。

服装技术文件是由服装企业技术部门指定，用于指导生产的技术性核心内容材料，直接影响着企业的整体运作效率和产品的优劣。

服装技术文件主要包括：生产总体计划、生产通知单、封样单、工艺单、工序流程设置、工价表、质量标准等，如表 2-1 所示。

表 2-1　服装技术文件组成

序号	内容	拟定部门	拟定日期	份数	张数	备注
1	订货单	营销				
2	设计图	技术				
3	生产通知单	计划				
4	成品规格表	技术				
5	面辅料明细表	技术				
6	面辅材料测试明细表	技术				
7	工艺单	技术				
8	样板复核单	质检				
9	排料图	技术				
10	原辅料定额	技术				
11	裁剪生产工艺单	技术				
12	工序流程	技术				
13	首件封样单	技术				
14	产品质量检验表	质检				
15	成本核价单	财务				
16	报验单	质检				
17	生产进度报表	技术				
18	样品板单	技术				

1. 生产通知单

生产通知单也称生产任务单，是服装企业计划部门根据内/外销订货单所制定的生产任务单，生产部门则依据生产任务单安排生产，如表 2-2、2-3 所示。

表 2-2　生产通知单(一)

产品	单位	数量	规 格 数 量						计 划			原 辅 材 料			
			XXS	XS	S	M	L	XL	班台（人）	定额	日产量	名称	单位	单耗	总数
	总数														
工序			进　度												
裁剪															
机缝															
水洗															
整理															
说明：															

表 2-3　生产通知单(二)

对方单位：　　　　　　　　　开单日期　年　月　日　　　交货日期　年　月　日

对方要货单编号：		合约：		生产品种：		数量：			
款式：		商标：		吊牌		腰牌：			
材料情况			色号	产品规格色号搭配					
面料名称		规格						辅料情况	
门　幅		腰围						木纱	
数　量								线球	
辅料情况								纽扣	
袋　布									
门　幅									
数　量								包装要求	
里　料									
门　幅									
数　量		每件定料							
衬　类		实际定料							
门　幅		合计用料							
数　量		操作要求：							

单位：　　技术：　　发料：　　裁剪：　　收发：　　车间：　　包装：

2. 面辅料明细表

面辅料明细表要求附上服装所用的面料、里料的样卡,并对不同规格服装所用辅料进行详细说明,如表 2-4 所示。

表 2-4　面辅料明细表

合约地区		品　　名				
编　　号		数　　量				
原　料　使　用		辅　料　使　用				
面料(附样卡)	里料(附样卡)	规格 种类	S	M	L	XL
		里料缝线				
		外缝缝线				
		拉　　链				
		纽　　扣				
		按　　扣				
		牵　　带				
		锁扣眼线				
		包缝线				
商　　标		出　　样				
小　商　标		交　　核				
服装材料成分带		生产负责人				
吊　　牌		填　表　人				

3. 面辅料测试明细表

面辅料测试由技术部门承担。测试数据包括耐热度、色差、色牢度、缩水率等等。测试的目的是为了掌握面辅料性能,根据测试数据来确定裁剪、缝制、熨烫等工序的工艺要求,如表 2-5 所示。

表 2-5　面辅料测试明细表

产品型号		耐热度使用方法			
生产通知单		缩水率使用方法			
要货单编号		色牢度使用方法			
内外销合约号		花型号与颜色	花型号与颜色	花型号与颜色	
要货单位					
面料名称					
备注:					

4.服装工艺单

服装工艺单一般由企业根据现有的技术装备结合款式的具体要求,由技术部门自己制定,它主要包括:生产规格、工艺制作要求和说明、相关编号、数量配比、缝制要求、包装说明、面辅料说明等,如表 2-6、2-7 所示。

表 2-6　服装工艺单(表格形式)

编号 SHRY02

货　号		品　名		数　量	客　户		交货期	

产品外形图		规　格　（cm）				
		号型 部位				
		衣长				
		胸围				
产品标准		肩宽				
面辅料使用明细		袖长				
名　称	规　格	领大				
		部 位 规 格				

操作方法和质量要求

(前整理、裁剪、缝纫、锁钉、整烫、包装具体内容略)

工装夹具说明	包装说明

制单人	制单日期	复核人

表 2-7　服装工艺单(文本式)

SSH-GY-2	产 品 规 格 表　　　(cm)

<table>
<tr><td rowspan="2">SSH-GY-2

上海****服饰有限公司
工 艺 单

款　　号
品　　名
数　　量
地　　区
标　　准

制 单 人
复 核 人
制单日期　　　年　月　日

1</td><td>产 品 规 格 表　　　(cm)</td></tr>
<tr><td>
<table>
<tr><td rowspan="4">成品规格</td><td>号型
部位</td><td></td><td></td><td></td></tr>
<tr><td></td><td></td><td></td><td></td></tr>
<tr><td></td><td></td><td></td><td></td></tr>
<tr><td></td><td></td><td></td><td></td></tr>
</table>
<table>
<tr><td rowspan="3">部位规格</td><td></td><td></td><td></td><td></td></tr>
<tr><td></td><td></td><td></td><td></td></tr>
<tr><td></td><td></td><td></td><td></td></tr>
</table>

面辅料说明：

2
</td></tr>
<tr><td>产品制作示意图
外形图：(正\背图)

部件分解示意图
（根据需要作图）

3</td><td>工序操作方法和质量要求
（覆盖前整理—裁剪—缝纫—锁钉
　—整烫—包装—检验等工序）

4</td></tr>
</table>

注：以上工艺单基本内容仅供参考，根据情况可增添内容和页数

5.裁剪生产工艺单

裁剪生产工艺单由技术部门制订并用于指导裁剪部门生产。内容主要包括:生产加工数量、排板指示、铺布、裁剪上的条件等,如表 2-8 所示。

表 2-8　裁剪生产工艺单

货 号		生产任务	号 型					
品 名			数量/件					
规格搭配								
辅料长度/m								
辅料床数								
打号规定								
技术质量要求			记录:					

6.缝制工艺指导书

缝制工艺指导书由技术部门制订并用于指导缝纫生产。内容包括:设计图、面里料及附属品等生产所必需材料的全部名称,机针、线的种类等条件,缝制方法及整理的具体指示、条件等,如表 2-9 所示。

7.样板复核单

样板复核通常由服装企业质检部门负责。样板复核主要是复核样衣与样板的差异,如表 2-10 所示。

8.工艺流程图

工艺流程图是以特定符号表示服装加工各部件、部位的生产流程顺序,以女衬衫工艺流程图为例,如图 2-9 所示。

9.首件封样单

首件封样单是指第一件样衣存在的问题和改进措施,如表 2-11 所示。

10.服装成本核价单

成本核价除了考虑所用的面、辅料外,还应考虑工缴金额、包装费用、运输费等等,如表 2-12 所示。

11.产品质量检验表

产品质量检验从广义上来讲包括服装的面料、色彩、造型、结构、缝制等要素。从狭义上来讲主要是指生产过程中产生的质量缺陷。例如:规格误差、线迹不顺、吃势不匀等质量问题,如表 2-13 所示。

12.生产进度报表

生产进度报表建立的目的是按生产计划来控制作业进度,以保证按期交货;同时督促生产线按规定工艺作业,以确保产品质量,如表 2-14 所示。

13.服装成品验收单

验收项目包括两个方面:质量和数量。订货单位和生产单位共同进行验收,如表 2-15 所示。

表2-9 缝制工艺指导书

| 缝制式样本 | 商标名·品名(套装) | 制品No. SZØJKØØ | 制品No. 型 号 | | 加工传票No. 工厂名 | 文化缝制(公司) | 样品材料 (面朝上粘住) | 交付期 | 样品:年月日 | 制品:年月日 | 完成:年月日 | 姓名 | 企划 | 设计师 | 品质管理 样板师 王文 | 排板 李海 | 生产 赵友 |

款式图(前·后)

缝头大小·扦条·名称位置·其他(用m/m)表示(表布样板)

材料名及组成
表布:毛 100%
里布:尼龙绸100%

缝制:
- 身 · 全里(有)
- 袖里 · 半里 · 无
- 领子 · 身与贴边夹住
- 缝头 · 锁边
- 下摆 · 三折 · 卷边(一迈边)
- 拉链 · 真开衩 · 对合(筒开衩)
- 袖开衩 · 同布 · 双开线
- 串带:线面线
- 裙子吊扣:有
- 口袋 · 贴袋 · 镶袋
- **整理:**
- 锁眼:圆眼 · 平眼
- 钉扣(机器) · 手钉):一般钉扣

	表	里
前门	劈	倒
肩缝	劈	倒
侧缝	劈	劈
背缝	劈	劈
过肩	并齐	
腰围	倒	倒
背缝	倒	倒
公主线		
袖缝	劈	倒

(缝合劈缝 不要)
只有裙子带里
夹身 没里
卷边 张开
三折 隐形
对合 无
(筒开衩)
镶袋 无
裙子吊扣(cm宽) 无

(带绣脚)

附属明细表							
扣(2.4个)	2cm4个						
垫扣		cm个					
拉链	18cm 1根						
挂钩	cm根						
垫肩	SB-1						
扦条	10m/m 1.5m						
扦条	15m/m 1.0m						
商 标 名 称	有						
洗涤标志	有						
型号标志	有						

规格尺寸cm	号数	胸围	腰围	臀围	衣长	肩宽	袖长	袖宽	裙长 袋位	色号	线号	针号	针距
	7										50	11	12针/3cm
	9										50	11	9针/3cm
	11										50	11	12针/3cm
											30	16	
											50	11	3针/1英寸

项目		
平缝		
明线		
锁边		
锁圆眼		
锁平眼		
钉扣		
扦线		
缝 · 机器 · 线 · 针		

工序耗时明细表	单位：s
平缝机作业	337
手工烫、手工作业	339
特种缝机作业	214
熨烫机作业	50
总加工时间	940

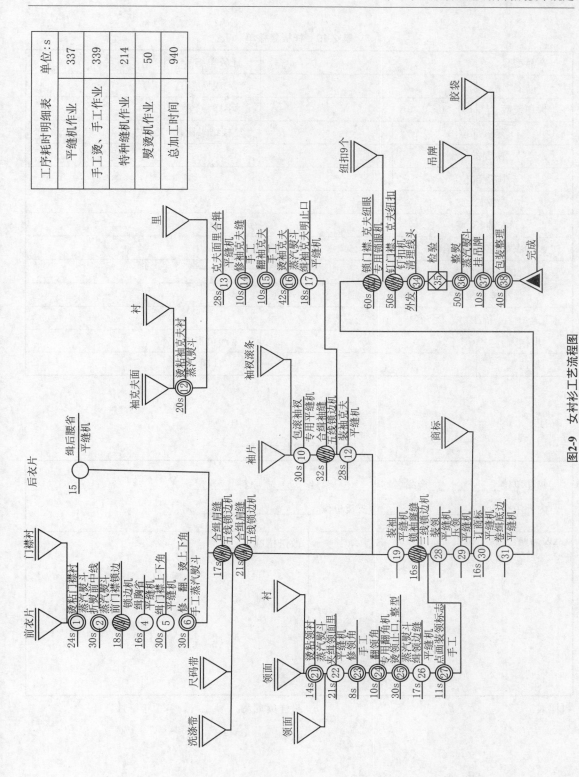

图2-9　女衬衫工艺流程图

表 2-10 样板复核单

产品型号			任务单编号	
品名			规格	
大样板数			小样板数	
复核部位		复核结果记录		
长度部位				
围度部位				
衣领长、宽				
衣袖长、宽				
衣袖与衣窿吻合				
衣领与领口吻合				
小样板复核				
备注				
出样人			生产负责人	
复核人			日期	

表 2-11 首件封样单

封样单位_____产品名称_____型号_____原料_____

内外销合约_____要货单位_____

存在问题:	改进措施:

封样人:　　　　　　　　　　　　　　封样负责人:　　　　　　年　月　日

表 2-12　服装成本核价单

	项目	单位	单价	用量	金额	计量单位：　　　要货单位：　填写时间：
						产品名称：　　　任务数　　款号：
主料						说明：
	合计					
辅料						
	合计					
其他						
包装小计						小样：
工缴总金额						
绣花工缴总额						
动力费						
上缴管理费						
税金						
公司管理费						
中耗费						
运输费						
工人资本						
工厂总成本						
出厂价						
批发价						
零售价						

制表：　　　　审核：　　　　　　　复核：

表 2-13　产品质量检验表

品名		款号		地区		结果	
日期		质检员		备注			
出席人：						记录：	
分析记录：							
改进要求：							
						负责人签名： 年　月　日	

表 2-14　生产进度报表

序号	款式	裁剪		缝一		缝二		缝三		水洗		整理		入库	
		当天	累计	当天	累计	当天	累计	当天	累计	当天	累计	当天	累计	当天	累计
说明：															

表 2-15　服装成品验收单

品名		货号		地区		备注			生产单位情况：
合约		品牌		数量/件					
箱号	规格	数量	箱号	规格	数量	箱号	规格	数量	
									验收意见：
									厂检验意见：
小计			小计			小计			
合计		包括副、次品总数							
说明：									
生产单位：								年　月　日	

第三章　工业纸样设计的人体体型规律

本章主要介绍人体构造与体型特征、人体体型与服装主要部位相关的人体横断面、男女体型的主要差异和人体比例与工业纸样设计的关系。其中从理论上较详细地分析和介绍了人体纵向比例与工业纸样设计的关系以及人体横向比例与工业纸样设计的关系。

第一节　人体构造与体型特征

工业纸样设计要符合人体体型的变化规律,因此必须要了解人体的构造及其男女的体型特征。

一、人体的体表构造

1. 人体的方位

如图3-1所示,把人体置于6面的长方形箱体中,可确定出人体的6个方位。即前后面、左右面和上下面。在此方位中,从前后面可以测出人体的厚度、从左右面可以了解人体的宽度、从上下面可以分析人体各部段的不同比例。

2. 人体的基准线、基准面、基准轴

人体的基准线主要有前中心线、后中心线、重心线。

人体的基准面主要有基准垂直面(前后中心线位置)、基准前头面(重心线位置)、基准水平面(腰围位置)。

3. 男女人体的横断面

图3-2显示了人体体型横断面和服装主要部位的关系。在图中,FNP点是前颈点,经过FNP点的横断面是颈根围线;通过BL线、WL线、HL线的分别是胸围、腰围、臀围的横断面(呈水平状);其他的有大腿根围、膝盖围、脚踝围。

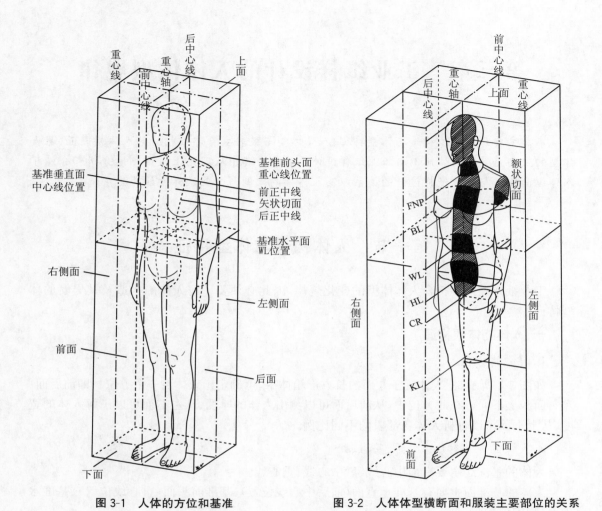

图 3-1　人体的方位和基准　　　　图 3-2　人体体型横断面和服装主要部位的关系

二、男女体型差异

图 3-3 显示了男女人体各横断面的相对位置和差异情况。

青年男女体型的差异主要表现在躯干部，躯干部包括颈、肩、背、胸、腰、腹、臀等部位，主要由骨骼大小和肌肉、脂肪的多少而产生差异。男性体的骨骼一般较为粗壮和突出，而女性体骨骼较小且平滑。男性体颈部肌肉较粗壮，近似圆柱体，颈的前部中央有隆起的喉结；女性体颈部较纤细，喉结不明显。

男性的肩部较宽而方，肌肉较丰厚，锁骨弯曲度大，显著隆起于外表，肩头呈圆弧状，略前倾，整个肩部俯看呈弓形，肩斜度较小，肩宽为两个头长；女性的肩部较窄而扁，锁骨弯曲度较小，不显著，肩头前倾度与弓形状较男性显著，肩斜度较大，肩宽不足两个头长。如图 3-4 所示，在相同胸围尺寸的情况下，男性的肩宽大于女性。

34

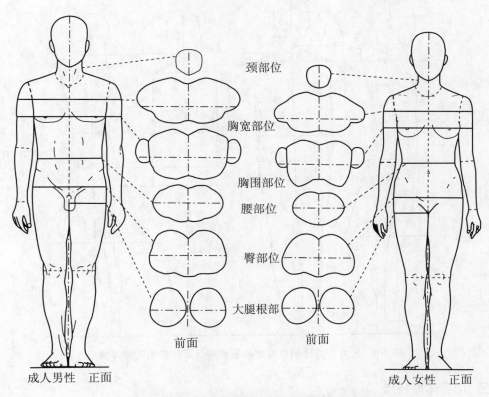

图 3-3　男女人体各横断面的相对位置和差异状况

　　男性的背部宽阔丰厚,肩胛骨微微隆起,背部肌形凹凸变化明显;而女性背部较窄,肩胛骨凸起程度较男性显著,背部凹凸不明显。

　　男性的胸部宽阔而平坦,胸肌健壮,呈半环状隆起,但乳腺不发达,前后胸围的尺寸比例基本接近;女性胸廓较狭窄而短小,胸部隆起丰满,从横断面可知前胸围的尺寸略大于后胸围尺寸,随着年龄增长和生育等因素影响,乳房增大,并逐渐松弛下垂,BP点的纵向长度增加。在相同胸围尺寸的情况下,男性的胸围宽度与厚度之比大于女性。

　　男性的腰部较女性宽,宽度略大于头长,脊柱骨弯曲度较小,腰节较低,正常男子的前腰节长小于后腰节长;女性的腰部较窄而细,脊柱骨弯曲度较大,正常女子的前腰节长大于后腰节长。从男女腰围的横断面可知,前、后腰围的尺寸比例基本接近。但随着人们生活水平的提高,根据近期人体测体数据的统计发现,前腰腹部的脂肪与肌肉呈增加趋势,出现前腰围的尺寸略大于后腰围的尺寸的情况。

　　男性的腹部肌肉起伏显著,但较为平坦,臀部肌肉丰满,但脂肪少;女性的腹臀部圆浑宽大,腹部脂肪较多,大多呈圆形隆起状,臀部大且向后突出。女性的后臀沟垂直倾斜角大于男性后臀沟垂直倾斜角。图3-4所示为男女头长比例与肩宽和后臀沟垂直倾斜角的差异情况。

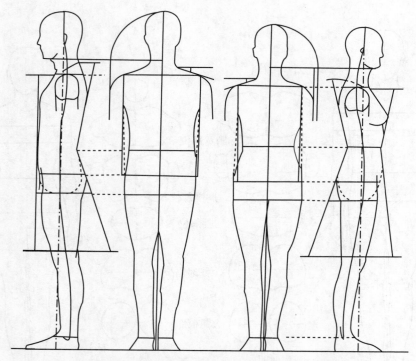

图 3-4　男女头长比例与肩宽和后臀沟垂直倾斜角的差异情况

三、儿童体型特点

儿童通常指年龄为 15 岁以下的孩子,细分还可以分成婴儿、幼儿、学龄前儿童、学龄期儿童、少年 5 个阶段,在各阶段儿童体型均有相当大的变化。整个儿童期的共同特点是体重和身高增长较快,但胸、腰、臀的围度尺寸差距小、增长慢。

随着年龄的增长,儿童的围度、长度增长速度不一致,体型发生变化。3～6 岁和 7～13 岁阶段的变化不同。

3～6 岁学龄前儿童体型的整体特点是腰挺、腹凸、肩窄、四肢短,胸、腰、臀三部分的围度尺寸差距不大,身体高度增长较快,而围度增长较慢。

从身高来看,3～4 岁儿童平均身高增长 7.5cm,4～5 岁儿童平均身高增长 5.5cm,5～6 岁儿童平均身高增长 4.5cm,身高增长处于减小趋势。相应地,腰围高、膝高增长幅度也是减小趋势。儿童头围的增长速度较为缓慢,每年增长小于 1cm,在发育过程中儿童头围的变化是很小的。前腰节与后腰节长增长速度一致,每年增长在 1cm 左右。比较前胸宽与后背宽,3、4 岁时前胸宽大于后背宽约 1cm,5、6 岁时后背宽大于前胸宽。说明随着年龄的增长,儿童后背宽增长速度要大于前胸宽。

从胸围、腰围、臀围的数据变化看,胸围、腰围、臀围都以一定的数据逐年递增,并且胸围、臀围的增长速度大于腰围的增长速度。各围度尺寸从大到小排列依次为:臀围＞胸围＞腰围。

7～13 岁儿童体型变化具体特点在高度方面,9 岁以后增加较快。如身长、颈椎点高增加较显著。这时期的儿童平均身高为 117～153cm,颈椎点平均高度为 93～127cm。长度方面,下裆长和手臂长增加明显;背长、股上长变化幅度较小。

随着年龄的增长,在围度、宽度方面呈增加趋势。男女儿童在胸、腰、臀变化中存在差异,女童在 10～13 岁时臀围增加显著,随着臀围的增加,胸围增加较快,腰向纤细化发展,增加较慢;同阶段男童的臀围、胸围变化较快,腰围最慢,三者变化比较均匀,10 岁以后胸腰差、臀腰差逐渐明显。和女童相比,男童身体发育相对要晚。头围变化的幅度不大,颈围、肩宽变化较明显。

第二节　人体比例与工业纸样设计的关系

人体比例有"立七坐五盘三"之说。成人男女的身高可以 7 个头长来进行近似分割计算。图 3-5 显示了男女人体头长与身高各部位的相对比例关系。从图中可知人的整条手臂的长度约为三个头长,其中上臂长约为 1⅓ 个头长、前臂长约为 1 个头长;下体自股骨的大转子起至足底接近 4 个头长,大腿和小腿的长度接近相等,其中心点在膝关节的髌骨上。

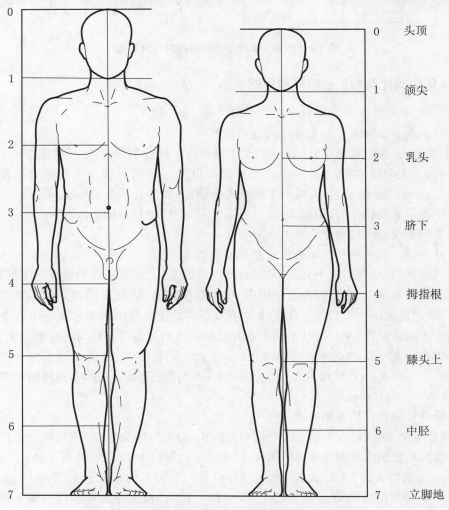

图 3-5　男女人体头长与身高各部位的相对比例关系

在躯干部位,以腰节线为分界线,从腰节线到肩宽线的高度和从腰节线到臀围线的高度,男女体型是不同的,上半部男性的高度大于女性,而下半部男性的高度小于女性;从正面观察成年男女体型,女性的肩部较窄,臀部较男性发达,从双肩至臀部呈正梯形;男性则相反,肩部较宽,臀部不及女性发达,从双肩至臀部呈倒梯形。图 3-6 显示了男女人体躯干部位的相对比例关系。

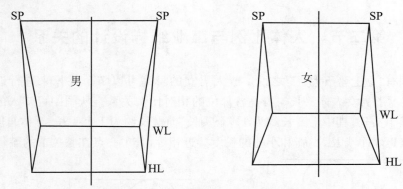

图 3-6　男女人体躯干部位的相对比例关系

一、人体纵向比例与工业纸样设计的关系

1. 人体上体比例与工业纸样设计的关系

1)设计上衣衣长和衣长档差规格的参考比例

在《服装号型》国家标准中,坐姿颈椎点高与身高之比近似等于 0.4(男人中间体 66.5/170≈0.391;女人中间体 62.5/160≈0.39),因此设计一般的上衣衣长规格时可参考公式 0.4G+a(G 指身高,a 指某常数,可由不同款式来确定,如男女西装、夹克、衬衫等)。在工业纸样设计中确定衣长档差时,根据 5·4 号型系列可知身高档差是 5cm(ΔG=5cm),因此设计上衣衣长档差规格时可参考公式 0.4ΔG=0.4×5=2(cm)。

2)设计不同上衣衣长和不同衣长档差规格的参考比例

考虑到服装的不同款式、不同品种、流行特点等因素,上衣衣长规格设计是不同的,如有短、中、长的大衣和风衣;有不同衣长的时装和连衣裙等等。因此在设计不同上衣衣长规格时,可依据款式效果图中衣长与人体上体比例及身高的关系作为参考来确定。在工业纸样设计中确定不同衣长档差时,设计不同上衣衣长档差规格可参考衣长与身高的比值来确定,如衣长是 100cm 时(100/160≈0.62;100/170≈0.59)设计上衣衣长档差规格时可参考公式 0.6ΔG=0.6×5=3(cm);同理当衣长是 80~85cm 时设计上衣衣长档差规格时可参考公式 0.5ΔG=0.5×5=2.5(cm)。

3)设计背长和背长档差的参考比例

在《服装号型》国家标准中,背长尺寸未标注,但可根据《服装号型》国家标准中已测定的数值颈椎点高与腰围高之差来推算。男子 170/88A 的背长为 42.5cm(145-102.5=42.5);女子 160/84A 的背长为 38cm(136-98=38);男子 175/92A 的背长为 43.5cm(149-105.5=43.5);女子 165/88A 的背长为 39cm(140-101=39)。在工业纸样设计中确定背长档差时,根据 5·4 号型系列身高档差是 5cm 时(ΔG=5),背长档差可确定为 1cm。但实际男女人体背长的差值是不相同的,男人体背长的差值大于女人体背长的差值,且都大于 1cm(男人体的上身与下身之比大于女人体的上身与下身之比。在《服装号型》国家标准中,所采用的数值是对测量的计算值进行了部分修正而得到的)。

4)设计不同腰节长和不同腰节长档差的参考比例

由男女人体特征可知,男人体的后腰节长大于前腰节长;而女人体的前腰节长大于后腰节长,且背长的规格尺寸与腰节长的规格尺寸是密切相关的。在工业纸样设计中,根据 5·4 号型系列,男人体的后腰节长档差大于前腰节长和背长的档差;而女人体的前腰节长档差大于后腰节长和背长的档差。

5)设计袖长和袖长档差的参考比例

在《服装号型》国家标准中,全臂长与身高之比近似等于 0.3(男人 55.5/170≈0.32;女人 50.5/160≈0.31),因此设计一般的长袖袖长规格时可参考公式 0.3G＋a。在工业纸样设计中确定长袖袖长档差时,可参考公式 $0.3\Delta G=0.3\times5=1.5$(cm)。

6)设计不同袖长和不同袖长档差的参考比例

由于服装的不同款式、品种等因素,袖长的规格设计是不相同的。袖子有特短袖、短袖、中袖、七分袖等。在国家《服装标准应用》中男女衬衫的一般短袖的档差被确定为 1cm(身高档差是 5cm)。其他的袖长档差在参考标准的基础上,可按不同袖长与身高的比值来确定。

7)设计上衣胸围线(BL 线)和胸围线(BL 线)档差的参考比例

原型袖窿深应比人体腋深的位置稍低,即必须有基本的间隙量,其大小为 2~2.5cm,或将袖窿深定在 BL 线上。根据图 3-5 男女人体头长与身高各部位的相对比例关系可知,设计上衣胸围线(BL 线)可按接近一个头长[男人 170/7≈24.3;女人 160/7≈22.9。或按《服装号型》国家标准男人身高减去颈椎点高 170－145＝25(cm);女人身高减去颈椎点高 160－136＝24(cm)]来考虑,具体款式可根据需要作调整。在工业纸样设计中确定胸围线(BL 线)的档差时既需考虑身高的变化又需考虑胸围大小的变化,还必须考虑款式的特点。

2.人体下体比例与工业纸样设计的关系

1)设计裤长和裤长档差的参考比例

在《服装号型》国家标准中,腰围高与身高之比近似等于 0.6(男子 A 型中间体 102.5/170≈0.6;女子 A 型中间体 98/160≈0.61),因此设计长裤的裤长规格时可参考公式 0.6G＋a(G 指身高,a 指某常数,可由不同款式来确定)。在工业纸样设计中确定裤长档差时,根据 5·4 号型系列设计长裤的裤长档差规格时可参考公式 $0.6\Delta G=0.6\times5=3$(cm)。

2)设计不同裤长(裙长)和不同裤长(裙长)档差的参考比例

由于所设计的裤长(裙长)的规格长度是不同的,故在工业纸样设计中确定不同裤长(裙长)档差时,可按 100cm 左右的裤长(裙长)取 3cm 档差;50cm 左右的裤长(裙长)取 1.5cm 档差……;按此参考比例来设计不同裤长(裙长)的档差。

3)设计立裆长和立裆长档差的参考比例

按人体比例,从 WL(腰围线)到 HL(臀围线)的距离是 G/10＋a(G 指身高,a 是常数),立裆长从 WL(腰围线)到横裆线的距离近似等于从 WL(腰围线)到 HL(臀围线)距离的 1.5 倍。因此从 WL(腰围线)到 HL(臀围线)的档差距离为 $\triangle G/10=0.5$(cm)时,立裆长档差理论值为 $0.5\times1.5=0.75$(cm)。

4）设计不同立裆长和不同立裆长档差的参考比例

目前市场上流行低裆裤（立裆很短）。故在工业纸样设计中，低裆裤的立裆长档差必须小于 0.75cm，具体数值按比例确定（一般可取 0.5～0.6cm）。

二、人体横向比例与工业纸样设计的关系

1. 男女人体前后胸宽比例与工业纸样设计的关系

1）设计胸围松量规格和胸围档差规格的参考比例

在服装结构设计中，原型的胸围尺寸与人体净胸围尺寸需有一定的松量。一般情况下，女装原型的松量是 8～12cm；男装原型的松量是 16～20cm。在确定具体松量时需根据款式特点而定。在工业纸样设计中确定胸围档差规格时一般款式都按《服装号型》国家标准5·4系列来设定（即胸围按 4cm 为一个档差），但对于宽松的服装款式胸围档差规格可大于 4cm。某些国家的胸围档差规格从特小码向特大码进行放码时是不规则的，如 1.5 英寸（3.8cm）、2 英寸（5cm）、2.5 英寸（6.3cm）、3 英寸（7.6cm）……

2）设计男女人体前后胸宽比例与工业纸样设计的关系

从图 3-3 可知男人体前后胸围尺寸比例基本相同，而女人体前胸围尺寸比例略大于后胸围尺寸。但在工业纸样设计中确定前后胸围档差规格时，一般来说两者是相同的。

2. 男女人体前后腰宽比例与工业纸样设计的关系

从图 3-3 可知男女人体前后腰围比例基本相同，在工业纸样设计中确定前后腰围档差规格时，两者也是相同的，且在上衣放码时腰围的档差值与胸围的档差值同步。

3. 男女人体前后臀宽比例与工业纸样设计的关系

从图 3-3 可知男女人体的后臀围尺寸比例大于前臀围尺寸比例，在工业纸样设计中确定前后臀围档差规格时，两者同样相等。但需注意的是：根据《服装号型》国家标准的人体测量数据可知当胸围的档差是 4cm 时，男人体（A 体型）的臀围档差是 3.2cm；女人体（A 体型）的臀围档差是 3.6cm，因此进行放码时臀围档差取值多少需根据上装、下装和款式特点来确定。

4. 男女人体肩宽和胸围尺寸与工业纸样设计的关系

在《服装号型》国家标准中，从测量的数据可知 5·4 系列的男子肩宽的档差值是 1.2cm；而女子肩宽的档差值是 1cm（男子 170/88A 型体的肩宽是 43.6cm、175/92A 型体的肩宽是 44.8cm；女子 160/84A 型体的肩宽是 39.4cm、165/88A 型体的肩宽是 40.4cm）。从图 3-3 男女人体的胸围横断面和肩部横断面也可看出，男人体的胸围横断面相对于女人体的胸围横断面来讲扁平些，因此当胸围的增量相同时，肩宽的增量略大些。在工业纸样设计中，男子肩宽的档差（1.2cm）与胸围的档差（4cm）进行同步增加或减小时，对款式纸样的保型影响不大；但女子肩宽的档差（1cm）与胸围的档差（4cm）进行同步增加或减小时，对款式纸样的保型可能会产生影响。

5. 男女人体颈围和胸围尺寸与工业纸样设计的关系

在《服装号型》国家标准中，从测量的数据可知 5·4 系列的男子颈围的档差值是 1cm；而女子颈围的档差值是 0.8cm（男子 170/88A 型体的颈围是 36.8cm、175/92A 型体的颈围是 37.8cm；女子 160/84A 型体的颈围是 33.6cm、165/88A 型体的颈围是 34.4cm）。在工

业纸样设计中,由服装结构设计可知基础前、后横开领的大小接近 1/5 领围值,因此基础前、后横开领的档差值可按 $0.2\Delta N$(ΔN 指颈围档差值)确定;同理,基础前直开领的档差值可按 $0.2\Delta N$ 确定;基础后直开领的档差值可按 $0.2\Delta N$ 的 1/3 确定。

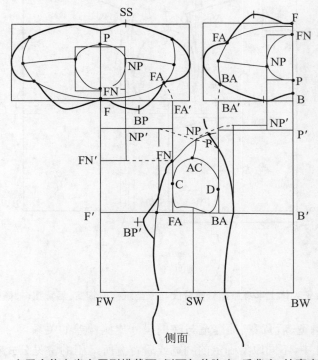

图 3-7 女子人体上半身原型横截面、侧面与前胸宽、后背宽、袖窿宽的关系

6. 前胸宽、后背宽、袖窿宽和胸围尺寸比例与工业纸样设计的关系

1) 女子人体上半身原型横截面、侧面与前胸宽、后背宽、袖窿宽的关系

图 3-7 中,FA、BA 分别是前、后腋点;F~FA、B~BA 分别是前中到前腋点、后中到后腋点横断面的实长;F'~FA、B'~BA 分别是原型的前胸宽(即人体净前胸宽的 1/2)、后背宽(即人体净后背宽的 1/2);FA~BA 是原型的袖窿宽。由人体测量的数据统计可知,净胸围为 84cm 的女性其净前胸宽约 30cm、净后背宽约 32cm,按以上数据进行计算可得原型的前胸宽 F'~FA 约 15cm,占胸围尺寸比例 17.9%(15/84≈0.179);原型的后背宽 B'~BA 约 16cm,占胸围尺寸比例 19%(16/84≈0.19);袖窿宽 FA~BA 约 11cm,占胸围尺寸比例 13.1%(11/84≈0.131)。

2) 女子人体上半身原型松量分配与原型纸样前胸宽、后背宽、袖窿宽的关系

根据服装构成方面的平均值和人体运动部位可知,加在前胸宽、后背宽、袖窿宽的放松量,分别是胸围放松量 1/2 的 30%、40%、30%,如图 3-8 所示。按此比例进行计算一般女子上衣原型的前胸宽约 16.5cm,占胸围尺寸比例 17.6%(16.5/94≈0.176);后背宽约 18cm,占胸围尺寸比例 19.1%(18/94≈0.191);袖窿宽约 12.5cm,占胸围尺寸比例 13.3%(12.5/94≈0.133)。

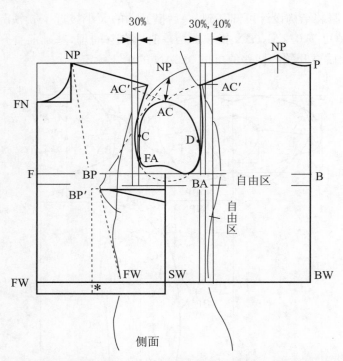

图 3-8　女子人体上半身原型松量分配与原型纸样前胸宽、后背宽、袖窿宽的关系

3)原型纸样前胸宽、后背宽、袖窿宽与胸围尺寸比例档差的关系

在服装结构设计中,不同原型确定前胸宽或后背宽所运用的常见公式有 B/8+a;0.13B+b;B/6+c 等(a、b、c,为不同的常数)。按 5·4 系列胸围档差值 4cm 进行计算,不同原型前胸宽或后背宽的档差值是 0.5~0.67cm[$\Delta B/8=4/8=0.5$(cm);$\Delta B/6=4/6=0.67$(cm)];不同原型袖窿宽的档差值是 1~0.66cm。如果按照女人体的体表构造比例进行计算原型前胸宽的档差值应是 0.7cm 左右[$0.176\Delta B=0.176\times4\approx0.7$(cm)];原型后背宽的档差值是 0.764cm 左右[$0.191\Delta B=0.191\times4=0.764$(cm)];原型袖窿宽的档差值是 0.532cm 左右[$0.133\Delta B=0.133\times4=0.532$(cm)]。根据中国女子人体测量的数据统计分析可知原型前胸宽按 0.13B+b 公式基本符合女子人体的体型变化规律。

4)原型纸样前胸宽、后背宽、袖窿宽和袖肥档差的关系

按上述方式计算,当女子原型纸样前胸宽、后背宽的档差值取值为 0.5cm 时,原型袖窿宽的档差值是 1cm。袖肥的档差值与袖窿宽档差值是密切相关的,袖肥的档差值会增加过快,从而影响袖子的造型;反之当女子原型纸样前胸宽、后背宽的档差值取值为 0.7cm 时,原型袖窿宽的档差值是 0.6cm。这将与女人体的体型变化规律相违背。

5)原型纸样前胸宽、后背宽、袖窿宽和肩宽档差与工业纸样设计的关系

根据人体的体型变化规律和《服装号型》国家标准可知,在 5·4 系列的男子肩宽的档差值是 1.2cm;而女子肩宽的档差值是 1cm。因此,原型纸样前胸宽、后背宽的档差值的取值与肩宽档差值的取值会影响服装款式的造型(主要是肩冲量的变化值)。

综上所述,在工业纸样设计中,如何选择和确定前胸宽、后背宽、袖窿宽的档差值必须综

合考虑男女人体的体型变化规律、《服装号型》国家标准、服装的款式特点(不同的造型和不同的松量等)。

第三节　不同国家体型规律和尺码表对比分析

一、中国与日本尺码表对比分析

(一)在日本,成年男子同样以胸腰差值作为划分体型的依据,分为 Y、YA、A、AB、B、BE、E 七种体型,其中 Y 型胸腰差值定为 16cm,以后每种体型差值依次减少,到 E 型则是指胸腰差值为零。日本男装尺码表见表 3-1 所示。中国成年男子体型按胸腰落差只分为 Y、A、B、C 四种体型,以胸腰落差值来看,中国的 A 体型相当于日本的 Y、YA、A 体型,B 体型相当于日本的 AB、B 体型,C 体型相当于日本的 BE 体型。胸围的分档数值,中国为 4cm,日本为 2cm。腰围的分档数值,两国均为 2cm。

表 3-1　日本男装尺码表　　　　　　　　(cm)

体型	差值	身高	胸围	腰围	臀围	肩宽	臂长	股上	股下	背长
Y 体型	16	155	84	68	85	41	50	23	65	43
		160	86	70	87	42	52	23	68	44
		165	88	72	88	42	53	23	70	46
		170	90	74	90	43	55	25	71	47
		175	92	76	91	45	57	25	74	48
		180	94	78	96	45	58	25	75	50
		185	96	80	98	45	60	26	76	51
YA 体型	14	155	84	70	85	40	50	23	64	43
		155	86	72	87	41	51	23	64	43
		160	86	72	88	41	52	23	66	44
		160	88	74	89	42	52	23	66	44
		165	88	74	89	42	53	23	69	46
		165	90	76	90	43	54	24	69	46
		170	90	76	91	43	55	24	71	47
		170	92	78	92	44	55	24	71	47
		175	92	78	93	44	57	25	74	49
		175	94	80	95	45	57	25	74	49
		180	94	80	95	45	58	25	76	50
		180	96	82	97	45	58	26	76	50
		185	96	82	100	45	60	27	77	51
		185	98	84	102	46	60	27	77	51

续表

体型	差值	身高	胸围	腰围	臀围	肩宽	臂长	股上	股下	背长
A 体型	12	155	86	74	87	41	51	23	64	43
		155	88	76	88	42	52	23	64	43
		160	88	76	89	42	52	23	66	44
		160	90	78	90	42	52	23	66	44
		165	90	78	90	42	54	23	69	46
		165	92	80	92	43	54	24	69	46
		170	92	80	92	43	54	24	71	47
		170	94	82	94	44	55	24	71	47
		175	94	82	94	44	56	24	74	49
		175	96	84	97	45	57	25	74	49
		180	96	84	97	45	58	25	76	50
		180	98	86	100	46	58	26	76	50
		185	98	86	102	46	60	27	77	51
		185	100	88	104	46	61	28	77	51
AB 体型	10	155	88	78	88	41	51	23	64	44
		155	90	80	90	41	51	23	64	44
		160	90	80	91	42	52	23	66	45
		160	92	82	92	42	52	24	66	45
		165	92	82	93	43	54	24	67	46
		165	94	84	95	43	54	24	67	46
		170	94	84	96	44	55	24	69	48
		170	96	86	96	44	56	25	69	48
		175	96	86	97	45	57	25	71	49
		175	98	88	98	45	57	25	71	49
		180	98	88	100	46	58	25	73	50
		180	100	90	102	46	58	27	73	50
		185	100	90	102	46	60	28	75	51
		185	102	92	104	46	61	28	75	51
B 体型	8	155	90	82	91	41	51	23	64	44
		155	92	84	92	42	51	23	64	44
		160	92	84	93	42	52	23	66	45
		160	94	86	95	42	53	24	66	45
		165	94	86	95	42	53	24	67	46
		165	96	88	96	43	54	24	67	46
		170	96	88	97	44	57	25	69	48
		170	98	90	99	44	57	25	69	48
		175	98	90	99	45	57	25	71	49
		175	100	92	99	45	57	25	71	49
		180	100	92	99	46	58	26	74	50
		180	102	94	104	46	58	27	76	50
		185	102	94	104	46	60	27	77	51
		185	104	96	106	46	61	28	77	51

体型	差值	身高	胸围	腰围	臀围	肩宽	臂长	股上	股下	背长
BE体型	4	155	92	88	93	41	51	24	64	44
		155	94	90	94	42	51	24	64	44
		160	94	90	95	42	52	25	65	46
		160	96	92	97	43	53	25	65	46
		165	96	92	98	43	54	26	66	47
		165	98	94	99	44	54	26	67	47
		170	98	94	99	44	55	27	68	48
		170	100	96	101	44	56	27	68	49
		175	100	96	101	44	57	28	71	49
		175	102	98	102	44	57	28	71	49
		180	102	98	102	44	58	29	72	50
		180	104	100	104	46	58	29	72	50
		185	104	100	104	46	60	30	74	51
		185	106	102	106	46	61	30	74	51
E体型	0	155	94	94	100	43	51	27	62	44
		155	96	96	102	44	51	27	62	44
		160	96	96	102	44	54	28	64	46
		160	98	98	104	45	54	28	64	46
		165	98	98	104	45	55	29	66	47
		165	100	100	106	46	55	29	66	47
		170	100	100	106	46	56	29	68	48
		170	102	102	108	47	56	29	68	48
		175	102	102	108	47	57	29	70	49
		175	104	104	110	47	57	29	70	49
		180	104	104	110	47	58	30	72	50
		180	106	106	112	48	58	30	72	50
		185	106	106	112	48	60	32	72	51

　　对于男装来说,在日本尺码表中,155cm 身高配置的胸围数值是 84～94cm,170cm 身高配置的胸围数值为 90～100cm,而中国 155cm 身高配置的胸围数值为 76～88cm,170cm 身高配置的胸围为 88～100cm,对比分析如图 3-9 和图 3-10 所示。在中国与日本的尺码表对比分析基础上,总体来看,日本男性比中国男性要胖一些,从腰围的设置来看也能说明这一点。但在胸围相同的情况下,日本男性臀围数值、肩宽数值比中国的小,而背长数值又比中国的大,如图 3-11 所示,这说明在身高相同的情况下,中国男性的裤长比日本的要长,上身则比日本男性的要短,袖长比日本男性的要长。我们可以通过对日本男装尺码表中与中国号型配置一致的号型,对其臀围、肩宽、袖长(臂长)、背长进行比较,以看出日本和中国男子体型的差异,见表 3-2 所示。由于这些体型差异,在放码设定档差时都需作相应的调整。

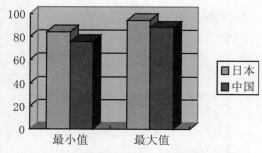

图 3-9　男身高 155cm 时中日人体胸围差值(cm)

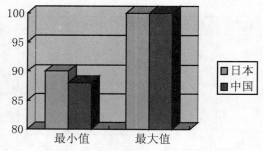

图 3-10　男身高 170cm 时中日人体胸围差值(cm)

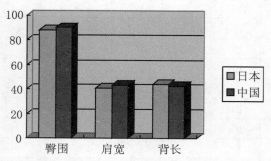

图 3-11　男胸围 88cm 时中日人体部位差值(cm)

表 3-2　中、日男子人体体型差异比较　　　　　　　　　　　　　　(cm)

号型	国别	臀围	肩宽	臂长	背长	备注
155-84-68	中国	85.2	42.4	51	39.5	1. 中国号型都为 A 体型。
	日本	85	41	50	43	
160-88-74	中国	90	43.6	52.5	40.5	
	日本	89	42	52	44	2. 日本号型为 Y、YA、A 体型。
165-92-80	中国	94.8	44.8	54	41.5	
	日本	92	43	54	46	
170-92-78	中国	93.2	44.8	55.5	42.5	
	日本	92	44	55	47	
175-96-84	中国	98	46	57	43.5	
	日本	97	45	57	48	
180-96-84	中国	98	46	58.5	44.5	
	日本	97	45	58	50	
185-100-88	中国	101.2	47.2	60	45.5	
	日本	104	46	61	51	

(二)日本的成年女子分类是以身长、围度(胸围、腰围、臀围)来制定。日本工业规格(JIS)的尺寸分类方法如下:

1. 身长的分类见表 3-3。

表 3-3　身长的分类 (cm)

身长	144－(148)－152	152－(156)－160	160－(164)－178
符号	P(Petit)	R(Regular)	T(Tall)
意义	矮	普	高

2. 体型的分类见表 3-4。

表 3-4　体型的分类

A 体型	全身各部尺寸比较均衡
Y 体型	臀围比 A 体型小 4cm
B 体型	臀围比 A 体型大 4cm

3. 体型分类与身长分类的组合见表 3-5。

表 3-5　体型分类与身长分类的组合

身长 /cm		体型		
		Y	A	B
P	148	YP	AP	BP
R	156	YR	AR	BR
T	164	YT	AT	BT

4. 号数表示

胸围 73cm 为 3 号;胸围 76cm 为 5 号;胸围 79cm 为 7 号;胸围 82cm 为 9 号;胸围 85cm 为 11 号;胸围 88cm 为 13 号;小于 88cm 时胸围差为 3cm;大于 88cm 时胸围差为 4cm。

5. 体型分类、身长分类与号数的组合

5YP　　　9AR　　　13BT

日本女子 A、Y、B 三种体型。其划分的方法是,先确定作为基准体的 A 体型,然后以 A 型为参照,胸围与 A 型相同,下臀围比 A 型小 4cm 为 Y 型,比 A 型大 4cm 为 B 型,见表 3-6 所示。

表 3-6　日本女子参考尺寸表　　　　　　　　　　　　　　　　（cm）

部位	文化式					登丽美式		
	S	M	ML	L	LL	小	中	大
胸围	78	82	88	94	100	80	82	86
腰围	62～64	66～68	70～72	76～78	80～82	58	60	64
臀围	88	90	94	98	102	88	90	94
中腰围	84	86	90	96	100			
颈根围						35	36.5	38
头围	54	56	57	58	58			
上臂围						26	28	30
手腕围	15	16	17	18	18	15	16	17
手掌围						19	20	21
腰节长	37	38	39	40	41	36	37	38
腰长	18	20	21	21	21		20	
袖长	48	52	53	54	55	51	53	56
背宽						33	34	35
胸宽						32	33	34
股上长	25	26	27	28	29	24	27	29
裤长	85	91	95	96	99			
身高	148	154	158	160	162			

　　中国成年女子体型分类是按胸腰差值的数值大小分为 Y、A、B、C 四种体型。由于体型分类的标准不同,所以号型设置及分档值也有所不同。从日本尺码表来看,与同一胸围对应的臀围数值跨度为 8cm,如胸围 88cm 对应的臀围数值,从 92cm 一直到 100cm,变化相当大。但在中国,胸围 88cm 对应的臀围数值,从 91.8cm 一直到 96cm,变化相对小一些,如图3-12 所示。在腰围方面,胸围相同的情况下,中国人的腰围一般比日本人的腰围要大,如图3-13 所示。

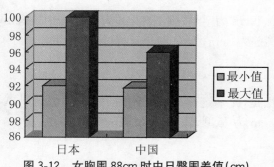

图 3-12　女胸围 88cm 时中日臀围差值(cm)

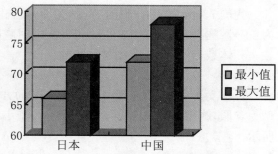

图 3-13　女胸围中 84cm、日 85cm 时腰围差值(cm)

二、中国与德国尺码表对比分析

　　德国人体型尺寸在欧洲是比较大的,在胸围相同的情况下,其臀围数值要比其他国家大1 号或 2 号。

　　(一)德国男装尺寸是从 38 号到 62 号的,见表 3-7 所示。

表 3-7　德国男装标准尺码及量身尺寸表　　　　　　　　　　　　(cm)

尺码	部位								
	身高	胸围	腰围	臀围	领围	裤腰	长裤长	股下长	袖长
38	158	76	71	84	32	69	92	70	56.2
40	162	80	74	88	34	72	94.5	72	57.9
42	166	82	77	92	35	75	97	74	59.6
43	168	86	78.5	94	36	76	98.3	75	60.5
44	170	88	80	96	37	78	99.7	76	61.3
46	172	92	84	100	38	82	101.4	77	62.2
48	174	96	88	104	39	86	103.1	78	63.1
50	176	100	92	103	40	90	104.8	79	64
52	178	104	97	112	41	95	106.5	80	64.9
54	180	108	102	116	42	100	108.2	81	65.8
56	181	112	107	120	43	105	108.9	81	66.6
58	182	116	112	124	44	110	109.6	81	67
60	183	120	118	128	45	116	110.3	81	67.4
62	184	124	124	132	46	122	111	81	67.8

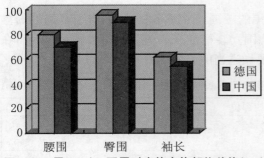　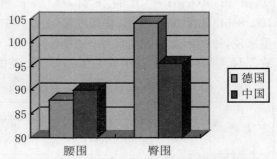

图 3-14　男 170/88 配置时中德人体部位差值(cm)　　图 3-15　男胸围 96cm 时中德人体腰臀围差值(cm)

　　从德国男装标准尺码及量身尺寸表中可以看出,德国身高的设置范围与中国相近,但胸围、腰围、臀围的数值比中国要大得多。在中国标准尺码表中,中国 Y、A 体型的中间体为170/88,它所对应的腰围和臀围数值分别为 70cm 和 90cm,而德国标准尺码中 170/88 所对应的腰围和臀围值分别为 80cm 和 96cm,都比中国的大,170/88 配置时中德人体部位差值如图 3-14 所示。再以中国的 C 体型胖体尺寸为例进行比较,当胸围是 96cm 时,中国的腰围尺寸是 90cm,比德国的 88cm 略大,中国的臀围尺寸是 95.6cm,比德国的 104cm 小得多,如图 3-15 所示。胸围值越大,德国臀围值与中国臀围值的差数也就越大,这反映出德国人体体型的最大特点,即臀围尺寸特别大。因而在推档放码时需加以注意。此外,从号型尺码表中可以看出,在相同身高或胸围情况下,德国袖长值要比中国大,如同样在身高 170cm,胸围88cm 情况下,德国袖长为 61.3cm,而中国尺码表中仅为 55.5cm,这也是在推档时需要注意的一点。德国与中国男人体的体型差异见表 3-8 所示。

表 3-8　德国与中国男人体体型差异比较　　　　　　　　　　　　　(cm)

部位	德国			档差	部位	中国			档差
身高	170	172	174	2	身高	165	170	175	5
胸围	88	92	96	4	胸围	84	88	92	4
腰围	80	84	88	4	腰围	70	74	78	4
臀围	96	100	104	4	臀围	86.8	90	93.2	3.2
领围	37	38	39	1	领围	35.8	36.8	37.8	1
袖长	61.3	62.2	63.1	0.9	袖长	54	55.5	57	1.5

　　（二）德国女装尺码表中以身高为 164cm 为准设置了 12 个号：32 号到 54 号,德国妇女与中国或其他欧洲国家的妇女相比,在胸围相同的情况下,与男人体一样也是臀围比较大。例如与 84cm 胸围所对应的腰围和臀围,德国的分别是 68cm 和 94cm,而中国的分别是 68cm 和 90cm,如图 3-16 所示。再如与 96cm 胸围所对应的腰、臀围数值,德国的分别是 80cm 和 103cm,中国的分别是 80cm 和

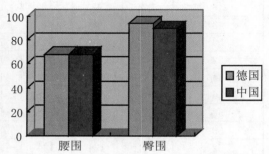

图 3-16　女胸围 84cm 时中德人体腰臀围差值

100.8cm。由此可以看出,德国的腰围尺寸与中国的腰围尺寸基本相同,而对于普遍性的体型来说,德国妇女的臀围尺寸比中国的要大。德国女装标准尺码表见表 3-9 所示。因而在放码时,与中国不同,德国女人体的臀围档差值要做适当的调整。

表 3-9　德国女装标准尺码及量身尺寸表(身高 164cm)　　　　　　　(cm)

尺码	部位									
	胸围	腰围	臀围	肘围	袖长	背长	前长BP	裙长	长裤长	股下内缝长
32	76	60	86	42	59	39.5	42.4	62.5	104	79.5
34	80	64	90	43.5	59	39.5	42.7	63	104	79
36	84	68	94	45	59	40	43.5	63.5	104	78.5
38	88	72	97	46.5	59	40	43.8	64	104	78
40	92	76	100	48	59	40	44.1	64.5	104	77.5
42	96	80	103	49.5	59	40	44.4	65	104	77
44	100	84	106	51	59	40	44.7	65.5	104	76.5
46	104	88	109	52.5	59	40	45	66	104	76
48	110	94.5	114	54	59	40	45.8	66.5	104	75.3
50	116	101	119	56	59	40	46.6	67	104	74.6
52	122	105	126	58	59	40	47.4	67.5	104	73.9
54	128	110	132	60	59	40	48.2	68	104	73.2

三、中国与英国尺码表对比分析

　　（一）英国男子标准人体尺码是指 35 岁以下男性,身高在 170cm 和 178cm 之间的尺寸,身高分档数值为 2cm,胸围、腰围、臀围分档数均为 4cm ,英国男子标准人体尺码见表 3-10 所示。

表 3-10　英国男子标准人体尺码　　　　　　　　　　　　　　(cm)

部位	数值									
身高	170	172	74	176	178	170	172	74	176	178
胸围	88	92	96	100	104	108	112	116	120	124
臀围	92	96	100	104	108	114	118	122	126	130
腰围	74	78	82	86	90	98	102	106	110	114
低腰围	77	81	85	89	93	100	104	108	112	116
半背宽	18.5	19	19.5	20	20.5	21	21.5	22	22.5	23
背长	43.4	43.8	44.2	44.6	45	45	45	45	45	45
领围	37	38	39	40	41	42	43	44	45	46
袖长	63.6	64.2	64.8	65.4	66	66	66	66	66	66
直裆	26.8	27.2	27.6	28	28.4	28.8	29.2	29.6	30	30.4

　　在中国标准尺码表中,中国普遍体型 A 体型的身高分档数为 5cm,胸围、腰围分档数为 4cm,臀围分档数 3.2cm,也就是说,在身高或胸围增加相同量时,英国人的围度变化比中国人的要大,体型比中国人要胖。例如 170/88A 的中国人,其腰围为 74cm,臀围为 90cm,而英国 170/88 所对应的腰围为 74cm,臀围为 92cm。再如 175/92A 的中国人,其腰围为 78cm,臀围为 93.2cm,而英国 174cm 身高,其对应的胸围为 96cm,腰围为 82cm,臀围为 100cm,三围尺寸明显地大于中国人,对比如图 3-17 和图 3-18 所示,此外,其袖长尺寸 63.6cm 也远远大于中国人的袖长,说明英国人的手臂比中国人的要长。

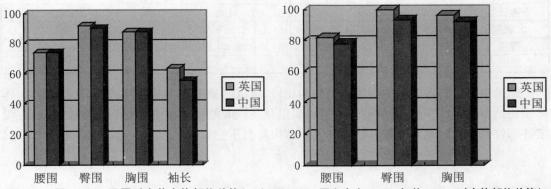

图 3-17　男 170/88 配置时中英人体部位差值(cm)　　图 3-18　男身高中 175cm 与英 174cm 时人体部位差值(cm)

　　英国与中国男人体的体型差异见表 3-11 所示。这些因素都是影响英国男装放码时与中国男装差异的重要因素。

表 3-11　英国与中国男人体体型差异比较　　　　　　　　　　　　(cm)

部位	英国			档差	部位	中国			档差
身高	170	172	174	2	身高	165	170	175	5
胸围	88	92	96	4	胸围	84	88	92	4
腰围	74	78	82	4	腰围	70	74	78	4
臀围	92	96	100	4	臀围	86.8	90	93.2	3.2
领围	37	38	39	1	领围	35.8	36.8	37.8	1
袖长	63.6	64.2	64.8	0.6	袖长	54	55.5	57	1.5

（二）英国妇女和中国妇女相比,其三围尺寸比中国人略大,主要也是反映在臀围上。其身高分档数值为 2cm,胸围、腰围、臀围分档数均为 4cm,而中国普遍体型 A 体型的身高分档数为 5cm,胸围、腰围分档数为 4cm,臀围分档数 3.6cm,身高变化越大,其围度之间的差值越大。英国女子标准人体尺码表见表 3-12。

表 3-12　英国女装尺寸规格表　　　　　　　　　　　　　　　　(cm)

尺码	8		10		12		14		16		18		差值
身高	158.0		160.0		162.0		164.0		166.0		168.0		2.0
腰节长	39.0		39.5		40.0		40.5		41.0		41.5		0.5
膝长	94.0		95.5		97.0		98.5		100.0		101.5		1.5
上胸围	73.0	75.0	77.0	79.0	81.	83.0	85.0	87.0	89.0	91.0	93.0	95.0	4.0
胸围	78.0	80.0	82.0	84.0	86.0	88.0	90.0	92.0	94.0	96.0	98.0	100.0	4.0
腰围	54.0	56.0	58.0	60.0	62.0	64.0	66.0	68.0	70.0	72.0	74.0	76.0	4.0
臀围	84.0	86.0	88.0	90.0	92.0	94.0	96.0	98.0	100.0	102.0	104.0	106.0	4.0
半背宽	15.5	15.8	16.0	16.3	16.5	16.8	17.0	17.3	17.5	17.8	18.0	18.3	0.5
小肩宽	11.5	11.6	11.7	11.8	11.9	12.0	12.1	12.2	12.3	12.4	12.5	12.6	0.2
外袖长	70.7	71.0	71.7	72.0	72.7	73.0	73.7	74.0	74.7	75.0	75.7	76.0	1.0
内袖长	41.4	41.6	41.6	41.8	42.0	42.0	42.2	42.2	42.4	42.4	42.6	42.6	0.2
手臂围	23.2	24.0	24.6	25.4	26.0	26.8	27.4	28.2	28.8	29.6	30.2	31.0	1.4
手腕围	13.8	14.2	14.4	14.8	15.0	15.4	15.6	16.0	16.2	16.6	16.8	17.2	0.6
股上长	25.8	26.0	26.3	26.5	26.8	27.0	27.3	27.5	27.8	28.0	28.3	28.5	0.5
裤长	99.4		100.7		102		103.3		104.6		105.9		1.3
大腿围	51.0	52.0	53.0	54.0	55.0	56.0	57.0	58.0	59.0	60.0	61.0	62.0	2.0
膝围	32.5	33.0	33.5	34.0	34.5	35.0	35.5	36.0	36.5	37.0	37.5	38.0	1.0
踝围	29.5	30.0	30.5	31.0	31.5	32.0	32.5	33.0	33.5	34.0	34.5	35.0	1.0

通过中国与日本等国外服装尺码表的比较,可以明显得知,中国与世界其他各国的人体体型还是有较大区别的,各国的标准尺码表也存在较大差异。在进行服装纸样放码时,在设定各部位档差值时需要根据其特殊的人体结构要有所变化。

第四章 服装工业纸样设计原理与方法

本章主要叙述服装样板推档的数学原理、服装样板推档的方法、服装样板推档的原理。通过对日本文化式原型(第六版)和东华原型的分析来学习与理解服装样板推档原理的基本理论和实际应用的问题。

第一节 服装样板推档的数学原理

全套服装工业纸样的设计就是运用服装样板推档(或称放码)的技术来完成的。需注意的是在进行服装样板推档之前,必须正式确定该款式的服装基准纸样和相应的档差值,根据号和型同步配置(形式可为 160/80、165/84、170/88、175/92、180/96);一号和多型配置(形式可为 170/80、170/84、170/88、170/92、170/96);多号和一型配置(形式可为 165/88、170/88、175/88、180/88、185/88);以上配置的排列组合(形式可为 160/80、165/84、170/88、170/92、175/92、175/96、175/100、180/100、180/104、185/108)。从数学原理上可归纳成"线性"和非"线性"两大类。

一、"线性"档差服装样板推档的数学原理

每套服装工业纸样中的每个样板可理解为一个个不规则的平面几何图形,如图 4-1 中的长方体,其小号、中号、大号的长和宽成等比例变化(即长度档差值与宽度档差值分别相等)、在数学的坐标轴上,它的每个位移点(放码点)的连线是成"线性"的。

根据国家标准规定的男女人体的 A 型体的部分号型同步配置档差确定如表 4-1(男人体)、表 4-2(女人体)。男女人体净体部分号型同步配置档差的不同点如表 4-3。在坐标轴上身高与胸围的变化是成"线性"的,如图 4-2、图 4-3 所示。

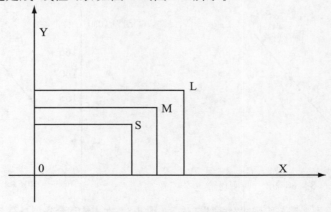

图 4-1 小号、中号、大号的长方体

表4-1　男人体部分号型同步配置的档差 　　　　　　　　　　　　　　　　　　　　　　　　(cm)

部位	165/84A(S)	170/88A(M)	175/92A(L)	档差
身高	165	170	175	5
颈椎点高	141	145	149	4
坐姿颈椎点高	64.5	66.5	68.5	2
全臂长	54.0	55.5	57.0	1.5
腰围高	99.5	102.5	105.5	3
胸围	84	88	92	4
颈围	35.8	36.8	37.8	1
总肩宽	42.4	43.6	44.8	1.2
腰围	70	74	78	4
臀围	86.8	90	93.2	3.2

表4-2　女人体部分号型同步配置的档差 　　　　　　　　　　　　　　　　　　　　　　　　(cm)

部位	155/80A(S)	160/84A(M)	165/88A(L)	档差
身高	155	160	165	5
颈椎点高	132	136	140	4
坐姿颈椎点高	60.5	62.5	64.5	2
全臂长	49.0	50.5	52.0	1.5
腰围高	95.0	98.0	101.0	3
胸围	80	84	88	4
颈围	32.8	33.6	34.4	0.8
总肩宽	38.4	39.4	40.4	1.0
腰围	64	68	72	4
臀围	86.4	90	93.6	3.6

表4-3　男女人体净体部分号型同步配置档差的不同点 　　　　　　　　　　　　　　　　　(cm)

部位	男人体档差	女人体档差
颈围(△N)	1.0	0.8
总肩宽(△S)	1.2	1.0
臀围(△H)	3.2	3.6

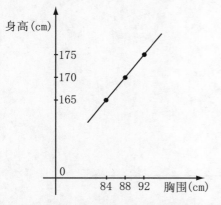

图4-2　男人体部分号型身高与胸围成"线性"变化　　图4-3　女人体部分号型身高与胸围成"线性"变化

二、非"线性"档差服装样板推档的数学原理

国家标准号型系列的档差值,在服装工业纸样设计中可作为放码的理论依据加以应用和参考。但在实际生产中,由于服装款式特点的不同,部分档差值需灵活应用。

下面介绍号和型同步配置与多号型组合配置时,现今市场上男衬衫规格尺寸的不同设置情况。表 4-4 为男衬衫号和型同步配置(身高与胸围成"线性"变化);表 4-5 为男衬衫多号型组合配置(身高与胸围成非"线性"变化)。在坐标轴上身高与胸围的变化是成非"线性"的,如图 4-4 所示。

表 4-4　男衬衫号型同步配置　　　　　　　　　　　　　　(cm)

部位	160/80	165/84	170/88	175/92	180/96	档差值
N	37	38	39	40	41	$\Delta N=1$
L	70	72	74	76	78	$\Delta L=2$
B	102	106	110	114	118	$\Delta B=4$
S	43.6	44.8	46	47.2	48.4	$\Delta S=1.2$
SL	56	57.5	59	60.5	62	$\Delta SL=1.5$
CF	22.4	23.2	24	24.8	25.6	$\Delta CF=0.8$

表 4-5　男衬衫号型不同步配置　　　　　　　　　　　　　(cm)

部位	155/76	160/80	165/84	170/88	170/92	175/96	175/100	175/104	180/108	差值
N	36	37	38	39	40	41	42	43	44	1
L	68	70	72	74	74	76	76	76	78	2
B	98	102	106	110	114	118	122	126	130	4
S	42.4	43.6	44.8	46	47.2	48.4	49.6	50.8	52	1.2
SL	54.5	56	57.5	59	59	60.5	60.5	60.5	62	1.5
CF	21.6	22.4	23.2	24	24.8	25.6	26.4	27.2	28	0.8

注:N—领围;L—衣长;B—胸围;S—肩宽;SL—袖长;CF—袖口

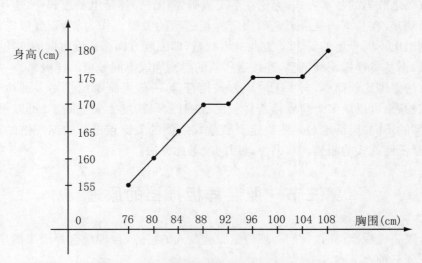

图 4-4　男衬衫号型身高与胸围成非"线性"变化

号和型同步配置时,服装样板上每个放码点的位移成"线性"变化;而多号型组合配置时,服装样板上每个放码点的位移成非"线性"变化。

第二节　服装样板推档的方法

一、服装样板推档的方法

（一）手工推板

常见的方法有两种（推放法、制图法）：

（1）推放法：先确定基准样板,然后按档差,在领口、肩部、袖窿、侧缝、底边等,进行上下左右移动,可扩大或缩小,直接用硬纸板或软纸完成,这需要较高的技能。

（2）制图法：先确定基准样板,然后按档差运用数学方法,确定坐标位置,找出各放码点的档差值,然后连接各位移点（或称放码点）。

（二）计算机放码

常见的方法有两种（线的放码、点的放码）：

1.线的放码

基本原理是在纸样放大或缩小的位置引入恰当合理的切开线对纸样进行假想的切割,并在这个位置输入一定的切开量（根据档差计算得到的分配数）,从而得到另外的号型样板。有三种形式的切开线：水平、竖直和倾斜的切开线。水平切开线使切开量沿竖直方向放大或缩小,竖直切开线使切开量沿水平方向变化,倾斜切开线使切开量沿切开线的垂直方向变化。此方法有一定的局限性。

2.点的放码

点的放码是放码的基本方式,无论在手工放码（制图法）还是电脑放码中,应用都是最广的。基本原理是：在基本码样板上选取决定样板造型的关键点作为放码点,根据档差,在放码点上分别给出不同号型的 x 和 y 方向的增减量,即围度方向和长度方向的变化量,构成新的坐标点,根据基本样板轮廓造型,连接这些新的点就构成不同号型的样板。

这种方法原理比较简单,与手工放码方式相符合,一般系统都提供了多种检查工具,比如对齐一点检查,可以从多个角度检查样板的放缩,放码精度大大提高了;可以根据具体服装造型、号型的不同,灵活地对某些决定服装款式造型的关键点进行放缩规格的设定,比较精确,适用于任何款式的服装。本书中运用的就是此方法。

第三节　服装样板推档的原理

在进行服装样板推档时,我们必须根据服装款式的特点,合理地选择恰当的坐标轴。一般来讲有下列三种：

（1）前片以前中心线和胸围线的交点为坐标轴的原点;后片以后中心线和胸围线的交点为坐标轴的原点。

（2）前片以前胸宽线和胸围线的交点为坐标轴的原点；后片以后背宽线和胸围线的交点为坐标轴的原点。

（3）前片以前中心线和上平线的交点为坐标轴的原点；后片以后中心线和上平线的交点为坐标轴的原点。

对于选择不同的坐标轴，在数学上来讲实际上是坐标轴的平移，其结果应是一样的，但对于服装样板推档来讲合理地选择恰当的坐标轴将会产生事半功倍的结果。

下面以日本文化式原型（第六版）和东华原型来分析与理解服装样板推档原理的基本理论和实际应用的问题。

一、日本文化式原型（第六版）的推档原理

日本文化式原型（第六版）的结构图（图 4-5、图 4-6）。

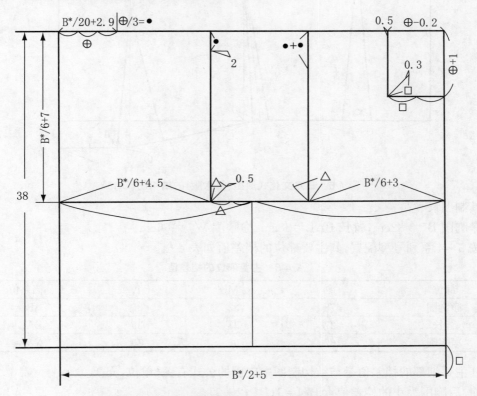

图 4-5　日本文化式原型（第六版）的结构图（一）

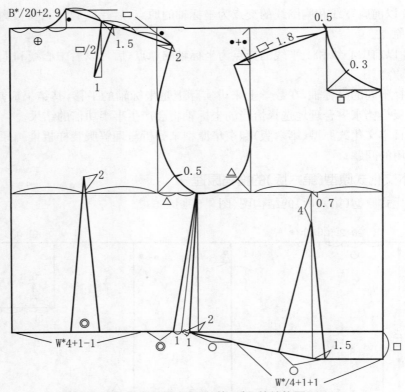

图 4-6　日本文化式原型(第六版)的结构图(二)

其制图尺寸是：

净胸围 B* ＝82cm；背长 BAL＝38cm；净腰围 W* ＝66cm。

按 5·4 系列号型配置，其主要部位的档差值如表 4-6。

表 4-6　主要部位的档差值　　　　　　　　　　　　　　　　(cm)

部位	S	M	L	档差值
净胸围	78	82	86	ΔB＝4
背长	37	38	39	ΔBAL＝1
净腰围	62	66	70	ΔW＝4

其主要细部的档差值是与结构制图中应用的公式有关(单位：cm)：

前、后胸围大小的档差值：ΔB/4＝1(B* /2＋5)；

前胸宽的档差值：ΔB/6≈0.6(B* /6＋3)；

后背宽的档差值：ΔB/6≈0.6(B* /6＋4.5)；

胸围线深的档差值：ΔB/6≈0.7(B* /6＋7)；

后横开领宽的档差值：ΔB/20＝0.2(B* /20＋2.9)；

前横开领宽的档差值：ΔB/20＝0.2(B* /20＋2.7)；

前直开领的档差值 ：ΔB/20＝0.2(后横开领宽＋1)；

后直开领的档差值：ΔB/60≈0.05(后横开领宽/3)；

肩宽变化的档差值：与后背宽尺寸变化同步(2cm 定数)；

胸省量变化的档差值：$\Delta B/40 = 0.1$（前横开领宽/2）。

有些档差值的取值在后面有分析讨论。

日本文化式原型（第六版）的推档图（按第二种坐标轴），后片推档图（图 4-7）、后片各放码点的位移情况如表 4-7 所示；前片推档图（图 4-8）、前片各放码点的位移情况如表 4-8 所示：

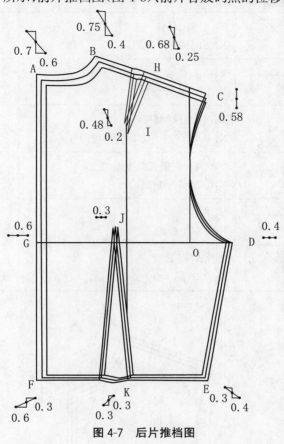

图 4-7　后片推档图

表 4-7　后片各放码点的位移情况　　　　　　　　　　　　　　　（cm）

放码点	位移方向	公　式	备　注
A	L M S	Y：0.7（$\Delta B/6 \approx 0.66$，取 0.7） X：0.6（$\Delta B/6 \approx 0.66$，取 0.6）	$\Delta B = 4$ 0.6 后背宽档差
B	L M S	Y：0.75（$0.7 + \Delta B/60$） X：0.4（$0.6 - \Delta B/20$）	$\Delta B/60 \approx 0.05$
C	L M S	Y：0.58（与 BC 平行） X：0（肩冲不变）	保"型"
D	S M L	Y：0（纵向不变） X：0.4（$\Delta B/4 - 0.6$）	

续表

放码点	位移方向	公 式	备 注
E	 S 　M 　　L	Y：0.3(ΔBAL－0.7) X：0.4(ΔW/4－0.6)	ΔBAL＝1 ΔW＝4
F	S 　M L	Y：0.3(ΔBAL－0.7) X：0.6(同A点)	
G	L　M　S	Y：0 X：0.6(同A点)	
H	L 　M 　　S	Y：0.68(保"型") X：0.25(0.4－0.4/3≈0.25)	小肩宽变量约0.4
I	L 　M 　　S	Y：0.48(省道长的变量0.2) X：0.2(平行HI线)	保"型"
J	L　M　S	Y：0 X：0.3(0.6/2)	
K	S 　M L	Y：0.3(同E点) X：0.3(同J点)	K点是省道中心线与腰围线的交点

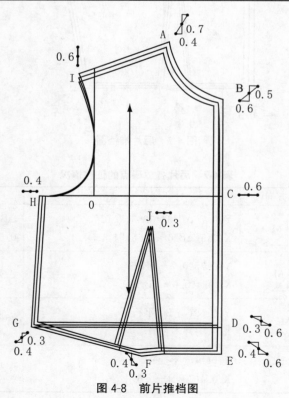

图4-8　前片推档图

表 4-8　前片各放码点的位移情况 （cm）

放码点	位移方向	公　式	备　注
A	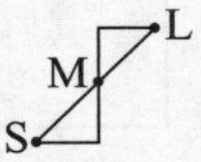 (图示 M S L)	Y：0.7（$\Delta B/6 \approx 0.66$，取 0.7） X：0.4（$0.6-\Delta B/20$）	0.6 是前胸宽的变量
B	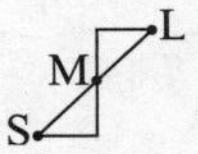 (图示 M S L)	Y：0.5（$0.7-\Delta B/20$） X：0.6（$\Delta B/6 \approx 0.66$，取 0.6）	0.6 是前胸宽的变量
C	 (图示 S M L)	Y：0 X：0.6（同 B 点）	
D	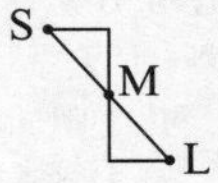 (图示 S M L)	Y：0.3（$\Delta BAL-0.7$） X：0.6（同 B 点）	
E	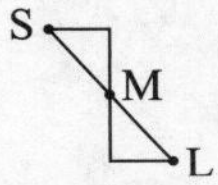 (图示 S M L)	Y：0.4（$0.3+\Delta B/40$） X：0.6（同 B 点）	$\Delta B/40$ 是胸省量的变量
F	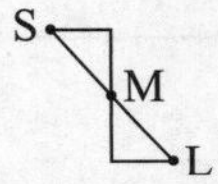 (图示 S M L)	Y：0.4（同 E 点） X：0.3（$0.6/2$）	0.6 是前胸宽的变量
G	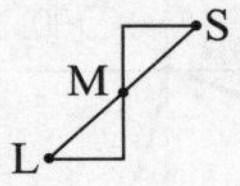 (图示 M S L)	Y：0.3（同 D 点） X：0.4（$\Delta W/4-0.6$）	$\Delta W/4=1$
H	 (图示 L M S)	Y：0 X：0.4（$\Delta B/4-0.6$）	
I	 (图示 L M S)	Y：0.6（与 AI 线平行） X：0（肩冲不变）	保"型"
J	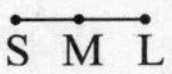 (图示 S M L)	Y：0 X：0.3（$0.6/2$）	0.6 是前胸宽的变量

二、东华原型的推档原理

东华原型的结构图如图 4-9、图 4-10 所示。

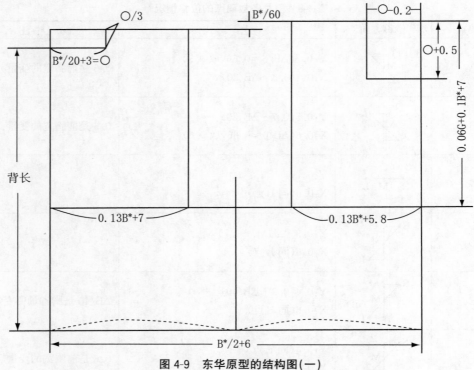

图 4-9 东华原型的结构图(一)

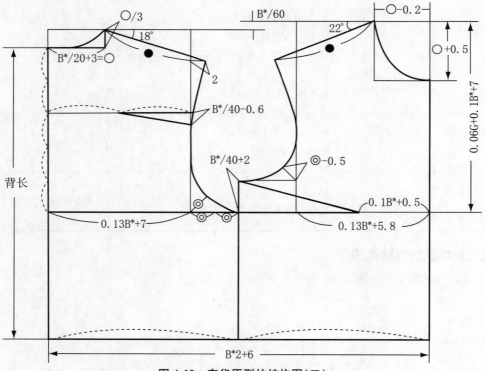

图 4-10 东华原型的结构图(二)

其制图尺寸是：(160/84A)。

身高 G＝160cm；净胸围 B*＝84cm；背长 BAL＝38cm。

按5·4系列号型配置，其主要部位的档差值如表4-9。

表4-9　主要部位的档差值　　　　　　　　　　　　　　　(cm)

部位	S	M	L	档差值
身高	155	160	165	$\Delta G=5$
净胸围	80	84	88	$\Delta B=4$
背长	37	38	39	$\Delta BAL=1$

其主要细部的档差值与结构制图中应用的公式有关（单位：cm）：

前、后胸围大小的档差值：$\Delta B/4=1(B^*/2+6)$；

前胸宽的档差值：$0.13\Delta B\approx0.5(0.13B^*+5.8)$；

后背宽的档差值：$0.13\Delta B\approx0.5(0.13B^*+7)$；

胸围线深的档差值：0.7（后领中点到胸围线）；

（考虑身高和胸围二者的变量，$0.06G+0.1B^*+$常数）

后胸围线深的档差值：$0.77(0.7+\Delta B/60)$；

前胸围线深的档差值：$0.84(0.7+\Delta B/60+\Delta B/60)$；

后横开领宽的档差值：$\Delta B/20=0.2(B^*/20+3)$；

前横开领宽的档差值：$\Delta B/20=0.2(B^*/20+2.8)$；

前直开领的档差值 ：$\Delta B/20=0.2$（后横开领宽＋0.5）；

后直开领的档差值：$\Delta B/60\approx0.07$（后横开领宽/3）；

肩宽变化的档差值：与后背宽尺寸变化同步（2cm定数）；

前浮余量变化的档差值：$\Delta B/40=0.1(B^*/40+2)$；

后浮余量变化的档差值：$\Delta B/40=0.1(B^*/40-0.6)$；

背长的档差值：$\Delta BAL=1$（在国标中，160cm身高的背长等于颈椎点高136cm减去腰围高98cm得到38cm；165cm身高的背长等于颈椎点高140cm减去腰围高101cm得到39cm；两者之差即背长的档差值）；

后腰节的档差值：$\Delta BAL+\Delta B/60\approx1.07$；

前腰节的档差值：$\Delta BAL+\Delta B/60+\Delta B/60\approx1.14$。

以下用三种不同的坐标轴对东华原型进行推档：

第一种坐标轴：（适合于横向分割的款式）

1. 前片以前中心线和胸围线的交点为坐标轴的原点；后片以后中心线和胸围线的交点为坐标轴的原点。

后片推档图（图4-11）、后片各放码点的位移情况如表4-10所示；

前片推档图（图4-12）、前片各放码点的位移情况如表4-11所示。

63

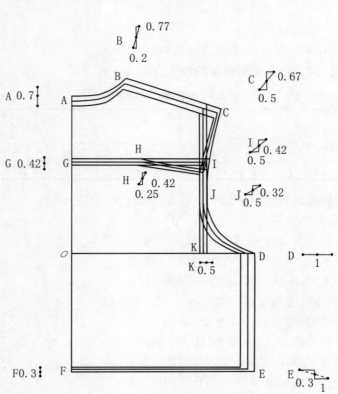

图 4-11 后片推档图

表 4-10 后片各放码点的位移情况 (cm)

放码点	位移方向	公 式	备 注
A	L M S	Y:0.7(可参考 $\Delta B/6$ 取 0.7) X:0	
B	M L S	Y:0.77(0.7+$\Delta B/60$) X:0.2($\Delta B/20$)	$\Delta B/60 \approx 0.07$
C	M L S	Y:0.67(平行 BC 线) X:0.5(与后背宽的变量相同)	保"型"
D	S M L	Y:0 X:1($\Delta B/4$)	
E	S M L	Y:0.3($\Delta BAL - 0.7$) X:1(同 D 点)	$\Delta BAL = 1$
F	S M L	Y:0.3($\Delta BAL - 0.7$) X:0	
G	L M S	Y:0.42(0.7×3/5) X:0	

64

续表

放码点	位移方向	公　式	备　注
H	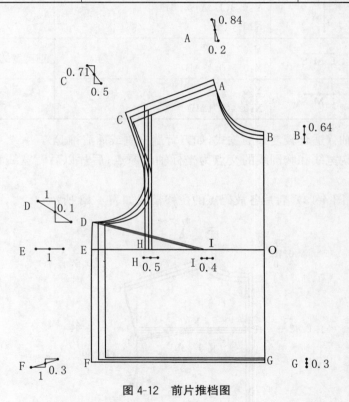	Y：0.42（同 G 点） X：0.25（0.13ΔB/2）	0.13ΔB≈0.5
I		Y：0.42（同 G 点） X：0.5（0.13ΔB）	保"型"
J		Y：0.32（0.42－ΔB/40） X：0.5（0.13ΔB）	ΔB/40（后浮余量的变量）
K		Y：0 X：0.5（0.13ΔB）	后背宽的变量

图 4-12　前片推档图

表 4-11　前片各放码点的位移情况　　　　　　　　　（cm）

放码点	位移方向	公　式	备　注
A		Y：0.84（0.77＋ΔB/60） X：0.2（ΔB/20）	ΔB/60 是前后腰节的档差值
B		Y：0.64（0.84－ΔB/20） X：0	

65

放码点	位移方向	公　　式	备　　注
C	L M S	Y：0.71（平行 AC 线） X：0.5	保"型"
D	L M S	Y：0.1（△B/40） X：1（△B/4）	前浮余量的档差值
E	L M S	Y：0 X：1（△B/4）	
F	M S L	Y：0.3(1.14−0.84)或(△BAL−0.7) X：1（同 E 点）	前腰节的档差值 1.14
G	S M L	Y：0.3(1.14−0.84) X：0	
H	L M S	Y：0 X：0.5（0.13△B）	前胸宽的档差值
I	L M S	Y：0 X：0.4（0.1△B）	

第二种坐标轴：（适合较复杂的款式，如刀背缝分割或插肩袖等）

2.前片以前胸宽线和胸围线的交点为坐标轴的原点；后片以后背宽线和胸围线的交点为坐标轴的原点。

后片推档图（图 4-13）、后片各放码点的位移情况如表 4-12 所示；

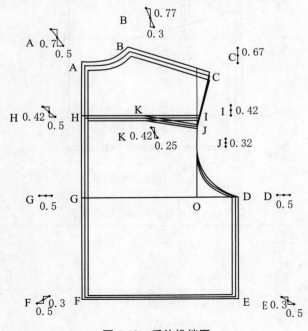

图 4-13　后片推档图

表 4-12　后片各放码点的位移情况 (cm)

放码点	位移方向	公　　式	备　　注
A	L↘M↘S	Y：0.7(可参考 $\Delta B/6$ 取 0.7) X：0.5($0.13\Delta B$)	后背宽的变量
B	L↘M↘S	Y：0.77($0.7+\Delta B/60$) X：0.3($0.5-\Delta B/20$)	$\Delta B/60 \approx 0.07$
C	L M S	Y：0.67(平行 BC 线) X：0(肩冲不变)	保"型"
D	S M L	Y：0 X：0.5($\Delta B/4-0.5$)	
E	S↘M↘L	Y：0.3($\Delta BAL-0.7$) X：0.5(同 D 点)	
F	L↗M↗S	Y：0.3($\Delta BAL-0.7$) X：0.5($0.13\Delta B$)	后背宽的变量
G	L M S	Y：0 X：0.5($0.13\Delta B$)	后背宽的变量
H	L↘M↘S	Y：0.42($0.7\times3/5$) X：0.5(同 G 点)	
I	L M S	Y：0.42($0.7\times3/5$) X：0	
J	L M S	Y：0.32($0.42-\Delta B/40$) X：0	$\Delta B/40$(后浮余量的变量)
K	L↘M↘S	Y：0.42(同 H 点) X：0.25($0.5/2$)	$0.13\Delta B \approx 0.5$

前片推档图(图 4-14)、前片各放码点的位移情况如表 4-13 所示。

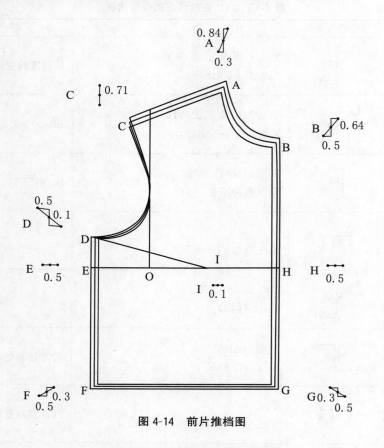

图 4-14　前片推档图

表 4-13　前片各放码点的位移情况 (cm)

放码点	位移方向	公　　式	备　　注
A		Y:0.84(0.77+ΔB/60) X:0.3(0.5−ΔB/20)	ΔB/60 是前后腰节的档差值
B		Y:0.64(0.84−ΔB/20) X:0.5(0.13ΔB≈0.5)	前胸宽的变量
C		Y:0.71(平行 AC 线) X:0(肩冲不变)	保"型"
D		Y:0.1(ΔB/40) X:0.5(ΔB/4−0.5)	前浮余量的档差值
E		Y:0 X:0.5(ΔB/4−0.5)	

续表

放码点	位移方向	公　式	备　注
F		Y：0.3(1.14−0.84)或(△BAL−0.7) X：0.5(△B/4−0.5)	前腰节的档差值1.14
G		Y：0.3(1.14−0.84) X：0.5(0.13△B≈0.5)	前胸宽的变量
H		Y：0 X：0.5(0.13△B≈0.5)	前胸宽的变量
I		Y：0 X：0.1(0.5−△B/10)	

第三种坐标轴：(适合较简单的款式)

3.前片以前中心线和上平线的交点为坐标轴的原点；后片以后中心线和上平线的交点为坐标轴的原点。

后片推档图(图4-15)、后片各放码点的位移情况如表4-14所示；

前片推档图(图4-16)、前片各放码点的位移情况如表4-15所示。

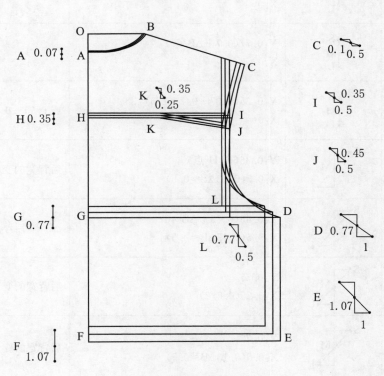

图4-15　后片推档图

69

表 4-14　后片各放码点的位移情况　　　　　　　　　　　　　　　(cm)

放码点	位移方向	公　式	备　注
A	S·M·L（纵向）	Y：0.07（ΔB/60） X：0	ΔB/60≈0.07
B	S M L（横向）	Y：0 X：0.2（ΔB/20）	
C	S·M·L（斜向）	Y：0.1（平行 BC 线） X：0.5（与后背宽的变量相同）	保"型" 肩冲不变
D	S·M·L（斜向）	Y：0.77（0.7＋ΔB/60） X：1（ΔB/4）	
E	S·M·L（斜向）	Y：1.07（ΔBAL＋ΔB/60≈1.07） X：1（同 D 点）	后腰节的档差值
F	S·M·L（纵向）	Y：1.07（同 E 点） X：0	
G	S·M·L（纵向）	Y：0.77（0.7＋ΔB/60） X：0	
H	S·M·L（纵向）	Y：0.35（0.07＋0.7×2/5） X：0	或 0.77－0.7×3/5
I	S·M·L（斜向）	Y：0.35（同 H 点） X：0.5（0.13ΔB≈0.5）	后背宽的变量
J	S·M·L（斜向）	Y：0.45（0.35＋ΔB/40） X：0.5（0.13ΔB≈0.5）	ΔB/40 后浮余量的变量
K	S·M·L（斜向）	Y：0.35 X：0.25（0.5/2）	后背宽的变量/2
L	S·M·L（斜向）	Y：0.77 X：0.5（0.13ΔB≈0.5）	后背宽的变量

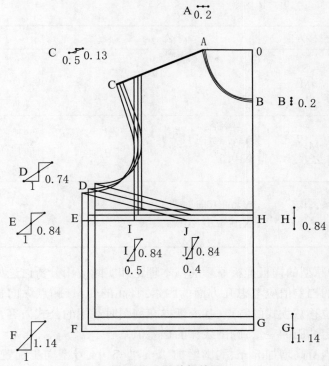

图 4-16　前片推档图

表 4-15　前片各放码点的位移情况　　　　　　　　　　　　　　　　　　(cm)

放码点	位移方向	公　　式	备　　注
A	L M S	Y：0 X：0.2(ΔB/20)	
B	S M L	Y：0.2(ΔB/20) X：0	
C	M ⟋ S L	Y：0.13(平行 AC 线) X：0.5(与前胸宽的变量相同)	保"型"
D	M ⟋ S L	Y：0.74(0.84－ΔB/40) X：1(ΔB/4)	ΔB/40 前浮余量的变量
E	M ⟋ S L	Y：0.84(0.77＋ΔB/60) X：1(ΔB/4)	
F	M ⟋ S L	Y：1.14(前腰节的档差值) X：1(同 E 点)	
G	S M L	Y：1.14(前腰节的档差值) X：0	

71

放码点	位移方向	公　式	备　注
H	S↑M↓L	Y:0.84(0.77+ΔB/60) X:0	
I	M→S／L	Y:0.84(同 H 点) X:0.5	前胸宽的变量
J	M→S／L	Y:0.84(同 H 点) X:0.4(0.1ΔB)	

根据以上两种原型的样板推板原理的基本理论和实际应用分析讨论如下:

(1)胸围线深的档差值应考虑几方面的因素:身高的变量(胸点纵向长度变化);胸围的变量(腋下点发生位移);款式的特点(基准纸样在制图时运用的公式);客户对某细部尺寸有特殊的要求(如规定袖肥的变量;胸围线深的档差值)。

一般情况下,当身高增加 5cm、胸围增加 4cm,即 5·4 号型同步配置时,女装的胸围线深的档差值可取值为 0.7cm(可参考公式 ΔB/6≈0.66cm);男装的胸围线深的档差值可取值为 0.8cm(可参考公式 0.2ΔB)。当号型不同步配置时(如男衬衫中某一档差的身高不变而胸围增加的情况;或宽松服装中身高增加 5cm,胸围增加 8cm 的情况等等),我们必须综合考虑各方面的因素来确定。因为胸围线深档差的变值直接影响袖窿弧的变化,从而会影响袖山深和袖肥的变化。

(2)前胸宽和后背宽的档差值应考虑的因素:人体净体测量的前胸宽、后背宽的变量;前胸宽、后背宽和袖窿宽这三者的档差值在人体中所占的百分比的变量;肩宽的档差值与前胸宽和后背宽的档差值之间的关系(男、女肩宽的档差值在国标中是不同的);款式的特点(宽松的和贴体的)。

在日本文化式原型(第六版)的推档中,前胸宽和后背宽的档差值(参考公式 ΔB/6≈0.66cm)取值 0.6cm,这时与其同步变化的肩部的档差值也是 0.6cm(肩冲量保持不变),但总的肩宽的档差值将是 1.2cm(与国标中规定的女的肩宽档差 1cm 有矛盾);在东华原型的推档中,前胸宽和后背宽的档差值(参考公式 0.13ΔB=0.52cm)取值 0.5cm,这时与其同步变化的肩部的档差值也是 0.5cm(肩冲量保持不变),总的肩宽的档差值是 1cm(与国标中规定的女的肩宽档差 1cm 相一致,与人体净体测量的前胸宽、后背宽的变量也一致),但袖窿宽的档差值将以 1cm 的变量进行变化,似乎太快;如果前胸宽和后背宽的档差值按 0.6cm,肩部的档差值按 0.5cm(与国标中规定的女的肩宽档差 1cm 相一致)进行推档,这时将出现规格尺寸越大而肩冲越小的不保型的现象(某些服装款式特点将会受影响)。

因此,我们在确定前胸宽和后背宽的档差值时,必须综合考虑以上的各种因素来加以运用。第六、第七章中我们根据不同的款式特点将进行不同的取值。

（3）背长档差、前腰节档差、后腰节档差的关系：

背长档差的取值，一般可从国标号型系列的净体数值中获得（颈椎点高与腰围高的差数）。

对于女人体来讲，其前腰节长大于后腰节长，从以上两种原型的样板推板原理中，我们已知日本文化式原型（第六版）前腰节档差值为 1.1cm，后腰节档差值为 1.05cm；东华原型前腰节档差值为 1.14cm，后腰节档差值为 1.07cm，这是由于不同地区、不同体型女子前后腰节的差值不同。同理，对于女装上衣的前衣长档差值、后衣长档差值、后中衣长档差值从理论上来讲也是有区别的。

对于男人体来讲，其后腰节长大于前腰节长，因此对于男装上衣的后衣长档差值和后中衣长档差值也是不同的，这在学习具体不同款式时我们需加以注意。

（4）对不同的款式进行推板时，掌握样板推板的基本原理是十分重要的，但基本原理必须与实际应用相结合，合理地定出各细部的档差值，合理地处理好保"量"和保"型"的关系。

第五章　服装工业纸样设计的风格保型

本章叙述服装工业纸样设计的风格保型时需考虑的几个方面；风格保型中"量"与"型"的关系，以及保"量"与保"型"的结构处理方法。

第一节　服装风格保型需注意的几个问题

由于人的体型特征和款式特点不同，在所设计的服装工业纸样的风格保型时原则上需考虑以下几个方面：

一、服装风格保型与人体的吻合性

服装结构设计是以符合人体体型为前提进行的，在此基础上，为了可以有更多的选择才有了服装工业纸样的放码。因而在服装工业纸样设计的放码过程中，要保证放码后的服装工业纸样系列符合不同人体体型的需求是至关重要的。为此，在放码之前，要对不同人体体型的变化做充分的分析研究，根据人体体型变化的规律，合理地设定号型之间的档差值，使放码后的服装工业纸样的风格符合人体穿着的基本要求。

二、服装风格保型与服装款式特点的一致性

服装的款式，如宽松型、合体型或是紧身型，简单款还是变化款等。虽然服装放码基本原理都一致，但是针对不同款式的造型，在放码时需要注意的重点是不相同的，比如宽松型在考虑服装的穿着合体性上就没有合体型要求高，因而在确定部分档差值以及放码方式的选择上就会存在一定的差别；又如具有弹性面料的紧身型款式，在保证款式造型特点的基础上，在选择部分档差值时必须考虑面料弹性率的因素。

三、服装风格保型与各放码点档差值的关系

在设定好服装工业纸样的整体部位尺寸档差值后，还要根据所选放码基准点的不同，合理分配各部位尺寸档差值，并确定各放码点的横向或纵向放码值，这过程中还要充分协调不同部位之间的档差值。如果各部位档差值分配不合理，就可能会导致放码后纸样走型，从而改变款式的整体形状，更严重的情况还可能会引起服装穿着时与人体结构不符合的情况。

四、服装风格保型与人体的总体穿着效果的关系

各种服装款式效果图的制定方式本身就是为了使服装能被人体穿出最佳效果。同时为了人体穿着效果更美观、更多样化才又引发更多的款式变化。为了能给更多不同体型的人提供更多的选择，更多展现自己的机会，才需要服装工业纸样放码技术的发展。因而服装工业纸样放码技术的最终目的，就是为了使某一款式的服装最大程度地符合不同体型人体的需求，这就决定了放码后的纸样一定要符合人体的总体穿着效果。

第二节 服装风格保型中"量"与"型"的关系

一、保"量"与保"型"的关系

在进行服装工业纸样放码时,首先我们根据国家标准确定该款式主要部位的档差值,如衣长、胸围、肩宽、领围、袖长、腰围等档差值,其次再根据该款式的结构特点确定其细部规格的档差值,如前胸宽、后背宽、袖山深浅、袖肥大小、口袋大小、纽位高低、侧缝长短等的档差值。在具体确定细部规格的档差值时,一定要考虑款式结构的特点和人体体型的变化规律,合理地运用"制图公式"和"图形比例"。在放码中,根据"制图公式"得出的是"量",而根据"图形比例"得出的是"型",只有做到"量"与"型"都能达到协调统一,才能保证放码后的系列样板更准确。如何处理好保"量"与保"型"的关系涉及服装工业纸样设计中理论知识和实践经验的综合运用能力。

服装工业纸样放码是以按照公式得出的数量递增递减,控制图形各点完成位移变化,保持原造型不变的过程。对于某些位移点来说纵、横向都必须做到保"量";而某些位移点的纵向必须做到保"量",横向则考虑保"型";同理某些位移点的横向必须做到保"量",纵向则考虑保"型";一般来说"量"是为"型"服务的,但"型"又受"量"的控制,需按既定的"量"进行调整。

在服装工业纸样放码过程中,某些服装的整体式样(特别是非常规的结构设计款式)或某些部位(落肩、领窝、腰节长、手肘围等)有时放缩从"量"考虑较好,有时放缩从"型"考虑较好,究竟是以"量"为准,还是以"型"为主,如何使两者和谐统一,达到既保"量",又保"型"是服装工业纸样设计者不断学习和探讨的核心技术之一。放码时必须辨证地从保"量"与保"型"二者来考虑。

二、保"量"与保"型"的结构处理

1. 上装肩斜线的处理

对于一般的服装,按照人体体型规律保"型"的原则,前后肩斜度应该保持不变(特大和特小的除外)。如前面东华原型的放码中,肩斜度保持不变。肩点 C 横向按照肩宽的变化来设定数值(肩宽档差值的 1/2)取 0.5cm,这是保"量",肩点 C 纵向的数值则按保"型"来取值,达到肩斜度不变,如图 5-1 所示。

2. 男女西裤侧缝线的处理

根据《服装号型系列》国家标准 5·4 系列,当腰围档差值为 4cm 时,臀围档差值男人体应为 3.2cm、女人体应为 3.6cm。前片腰围线处的档差值为 1cm(腰围档差值的 1/4),臀围线处的档差值分别为 0.8cm 和 0.9cm(臀围档差值的 1/4),在侧缝处为了保"量"而未能保"型",如图 5-2 男西裤前片的放码图所示。如果在侧缝处一定要保"型"的话,这 0.2cm 的差数可放在褶裥中进行处理。

3. 变化裙款式结构线的处理

对于大部分经纬向比较明显的款式,进行放码时可以在确定好放码基准点后,直接取水平方向为放码的横向坐标轴,取垂直方向为竖直坐标轴进行放码,此时放码档差值只需根据款式特点、人体围度或长度方向上的档差值来适当确定即可。

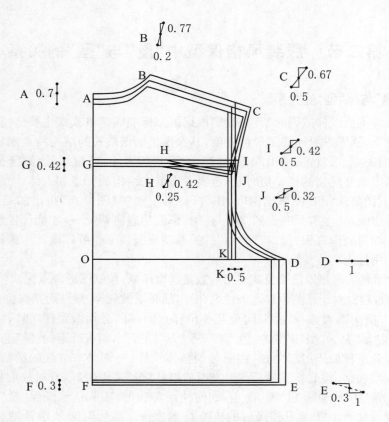

图 5-1　东华原型上装肩斜线的处理

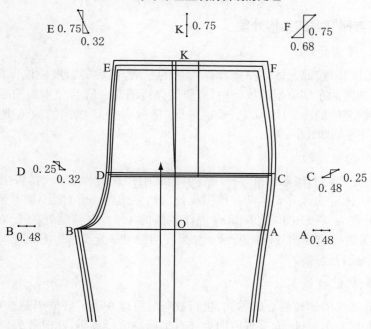

图 5-2　男西裤前片放码图

但对一些款式变化比较大，如一些经过拉伸展开的结构图，或有垂褶或褶裥的款式，一般结构变化会比较大，其本身与人体吻合的纵向和横向也会发生比较大的角度转变。此时若仍旧使用水平方向和垂直方向作为坐标轴进行放码，由于其结构与人体方向的差异性，会导致在档差设置时相对比较困难。因而针对这种款式，可以不局限于所有放码点都使用同一个方向的坐标轴，在确定了放码基准点之后，每个放码点可以根据结构本身来确定各自的坐标轴方向（即坐标轴方向的角度位移），从而进行放码。此时档差的设置，则只需根据这一放码点在该款式制成成品时所在的位置来设置，也就是说该款式没有变化之前此放码点的原始档差，唯一不同的是其放缩方向要按照角度位移后的方向确定。

图 5-3 是变化裙中进行分割的波浪裙片的放码图（图中 A、B 点是变化后的方向坐标轴）。该波浪裙片，不再按照常规方法设定坐标，而是变化了坐标方向，但是褶的位置也没有变化，达到保"量"与保"型"的目的。

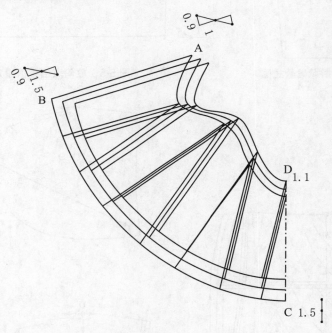

图 5-3 变化裙中进行分割的波浪裙片的放码图

4. 不对称褶裥裙款式结构线的处理

该裙子款式特点为在上层前裙身有左右不对称褶裥。在放码时，有褶裥的上层前裙身需与下层前裙身的缩放尺寸相配，要保持上层前裙身的腰围线形状不变，可以分别在上层前裙身、下层前裙身纸样上取腰围线与前中线的交点 O 点为放码基准点进行放码，如其款式图 5-4、放码点档差值设定图 5-5、放码后的全号型图 5-6 和上层前裙片变化图 5-7 所示。

在图 5-7 中，A 点纵向和横向必须保"量"；B 点的横向必须保"量"而纵向在保"型"的前题下取"量"；C、D、E 点的纵向和横向都是在保"型"的前题下取"量"。

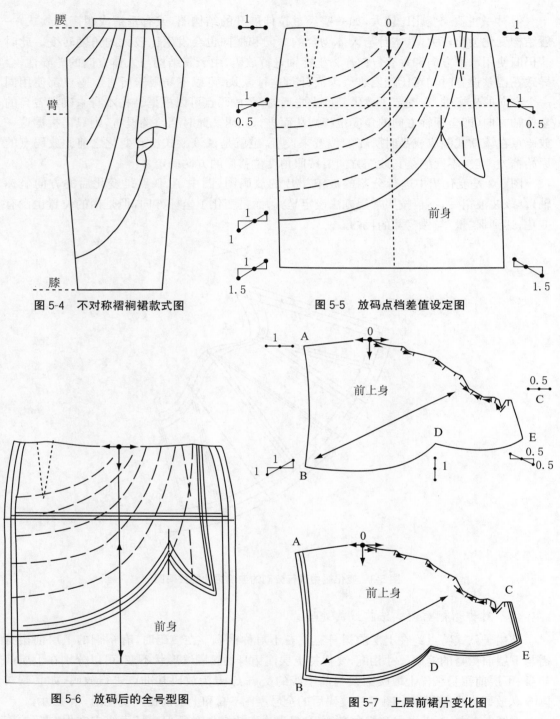

图 5-4　不对称褶裥裙款式图

图 5-5　放码点档差值设定图

图 5-6　放码后的全号型图

图 5-7　上层前裙片变化图

　　综上所述,对一些结构比较复杂,造型比较独特的现代流行时装,应上层前裙片变化图
在考虑款式特点的情况下结合人体的体型特征,合理地运用放码的基本原理和理论知识结
合实践操作,把握好"量"与"型"的协调统一,做好服装的整体风格保型。

第六章　女装工业纸样设计实例分析

　　本章分别介绍和分析常见的女装七个服装款式的特点、款式图、规格设计、成品规格尺寸及推板档差、结构制图（基础纸样）、样板推档图（放码图）、全套工业纸样（裁剪样板和工艺样板），并配有必要的文字说明。这七个款式分别是直筒裙、变化裙、女西裤、变化的牛仔裤、女衬衫、变化女衬衫、女时装。通过分析比较各种款式特点，从中理解不同款式在工业纸样设计的应用之间的不同之处，从而做到举一反三。本章基础数据根据国家标准GB1335.2－2008，采用 160/84A 和 160/68A 中间体的净体数据，其中 $G=160cm$，$B^*=84cm$，$W^*=68cm$，$H^*=90cm$。

第一节　直筒裙

一、款式特点（图 6-1）
　　前片共有四省，后片各有两省，后开衩，直筒型，裙腰后中心装隐形拉链，腰头宽 3cm。

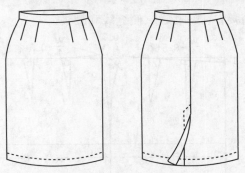

图 6-1　直筒裙款式图

二、规格设计
裙长：$L=0.3G+12=60(cm)$（G 指人体总身高）；
腰围：$W=W^*+2=70(cm)$；
臀围：$H=H^*+6=96(cm)$。

三、成品规格尺寸及推板档差（表 6-1）

表 6-1　成品规格尺寸及推板档差　　　　　　　　　　　　　　　　　　　　　　（cm）

部位	155/64A(S)	160/68A(M)	165/72A(L)	档差
裙长（L）	58	60	62	2
腰围（W）	66	70	74	4
臀围（H）	92.4	96	99.6	3.6

四、结构制图

第一步(图 6-2):绘制基本轮廓线,包括腰围线、臀围线、下摆线,确定前后臀围分配量。

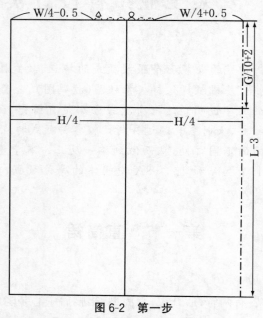

图 6-2　第一步

第二步(图 6-3):绘制腰省、腰围弧线、侧缝线和腰头。

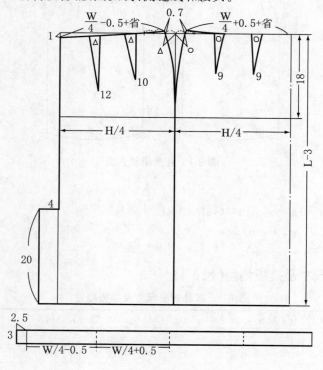

图 6-3　第二步

五、样板推档图（放码图）

前片推档图（图 6-4）：

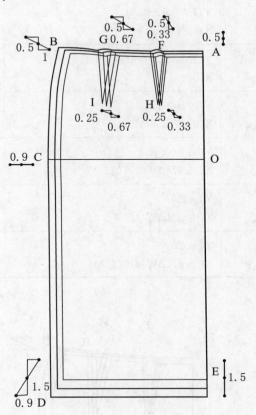

图 6-4　前片推档图

前片各放码点的位移情况（表 6-2）：

表 6-2　前片各放码点的位移情况　　　　　　　　　　　　　　　　　　　（cm）

放码点	位移方向	公　式	备　注
O		Y：0 X：0	坐标原点
A	L M S	Y：0.5（0.1ΔG） X：0	ΔG＝5
B	L M S	Y：0.5（0.1ΔG） X：1（ΔW/4）	ΔW/4＝1
C	L M S	Y：0 X：0.9（ΔH/4）	ΔH/4＝0.9

续表

放码点	位移方向	公 式	备 注
D		$Y: 1.5(\Delta L - 0.1G)$ $X: 0.9(\Delta H/4)$	$\Delta L = 2$
E		$Y: 1.5(\Delta L - 0.1G)$ $X: 0$	$\Delta L = 2$
F		$Y: 0.5(0.1\Delta G)$ $X: 0.33(\Delta W/12)$	
G		$Y: 0.5(0.1G)$ $X: 0.67(\Delta W/4 \times (2/3))$	
H		$Y: 0.25$ $X: 0.33(\Delta W/12)$	保"型"
I		$Y: 0.25$ $X: 0.67(\Delta W/4 \times (2/3))$	保"型"

后片推档图(图6-5):

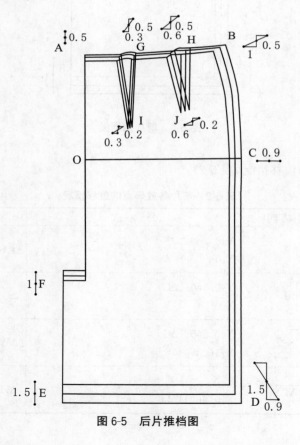

图6-5 后片推档图

后片各放码点的位移情况(表 6-3):

表 6-3　后片各放码点的位移情况　　　　　　　　　　　　　　　(cm)

放码点	位移方向	公　　式	备　　注
O		Y:0 X:0	坐标原点
A		Y:0.5(0.1G) X:0	
B		Y:0.5(0.1G) X:1(ΔW/4)	
C		Y:0 X:0.9(ΔH/4)	
D		Y:1.5(ΔL−0.1G) X:0.9(ΔH/4)	ΔL=2
E		Y:1.5(ΔL−0.1G) X:0	
F		Y:1 X:0	
G		Y:0.5(0.1G) X:0.33(ΔW/12)	
H		Y:0.5(0.1G) X:0.67(ΔW/4×(2/3))	
I		Y:0.2 X:0.33(ΔW/12)	保"型"
J		Y:0.25 X:0.67(ΔW/4×(2/3))	保"型"

裙腰推档图(图 6-6):

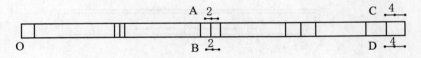

图 6-6　裙腰推档图

裙腰各放码点的位移情况（表6-4）：

表6-4　裙腰各放码点的位移情况 (cm)

放码点	位移方向	公　式	备　注
O		Y：0 X：0	坐标原点
A	S M L	Y：0 X：2	
B	S M L	Y：0 X：2	
C	S M L	Y：0 X：4	
D	S M L	Y：0 X：4	

六、裁剪样板和工艺样板

（一）裁剪样板

1. 面子样板（图 6-7）

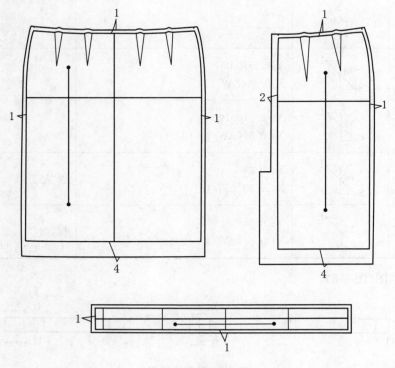

图6-7　面子样板

2.里子样板(图 6-8)

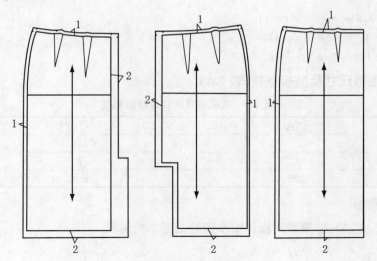

图 6-8　里子样板

(二)工艺样板(图 6-9)

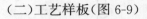

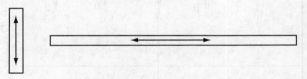

图 6-9　工艺样板

第二节　变化裙

一、款式特点(图 6-10)

变化裙由一步裙变化而成。在裙子的下摆进行弧形分割,分割后的裙摆展开成波浪状,右侧缝装有隐形拉链,前后片各有 4 个腰省,无腰头。

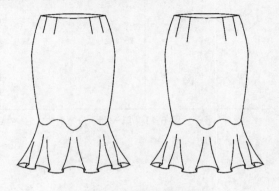

图 6-10　变化裙款式图

二、规格设计

裙长：$L=0.4G+1=65(cm)$；

腰围：$W=W^*+2=70(cm)$；

臀围：$H=H^*+6=96(cm)$。

三、成品规格尺寸及推板档差（表 6-5）

表 6-5 成品规格尺寸及推板档差   (cm)

部位	155/64A(S)	160/68A(M)	165/72A(L)	档差
裙长(L)	63	65	67	2
腰围(W)	66	70	74	4
臀围(H)	92.4	96	99.6	3.6

四、结构制图

第一步（图 6-11）：按照直筒裙作图步骤绘制基本轮廓线。

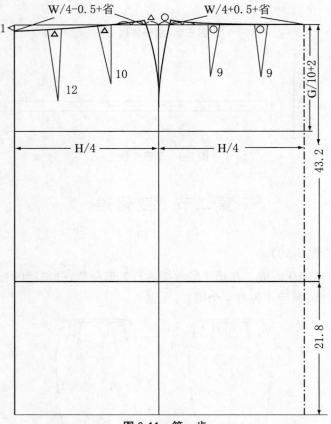

图 6-11 第一步

第二步(图 6-12):按分割线进行分割、展开、然后修正。

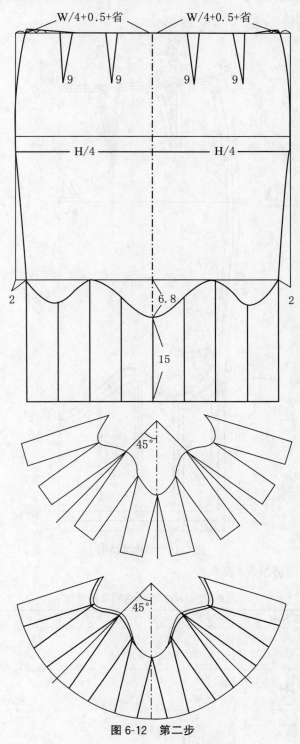

图 6-12　第二步

五、样板推档图(放码图)

后片推档图(图 6-13):

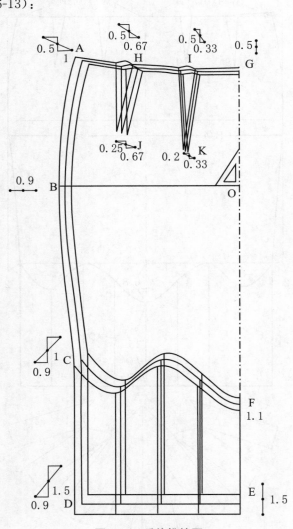

图 6-13 后片推档图

后片各放码点的位移情况(表 6-6):

表 6-6 后片各放码点的位移情况 (cm)

放码点	位移方向	公　式	备　注
O		Y:0 X:0	坐标原点
A	L M S	Y:0.5(0.1ΔG) X:1(ΔW/4)	ΔG=5 ΔW=4
B	L M S	Y:0 X:0.9(ΔH/4)	ΔH=3.6

放码点	位移方向	公 式	备 注
C	(S/M/L)	Y:1. X:0.9(同点 B)	
D	(S/M/L)	Y:1.5(ΔL−0.5) X:0.9(同点 B)	ΔL=2 ΔH=3.6
E	(S/M/L)	Y:1.5(ΔL−0.5) X:0	
F	(S/M/L)	Y:1.1 X:0	
G	(L/M/S)	Y:0.5(同点 A) X:0	
H	(L/M/S)	Y:0.5(同点 A) X:0.67(ΔW/4×(2/3))	
I	(L/M/S)	Y:0.5 X:0.33(ΔW/4×(1/3))	
J	(L/M/S)	Y:0.25(0.5/2) X:0.67(ΔW/4×(2/3))	
K	(L/M/S)	Y:0.2 X:0.33(ΔW/4×(1/3))	

后片分割 1 推档图(图 6-14)：

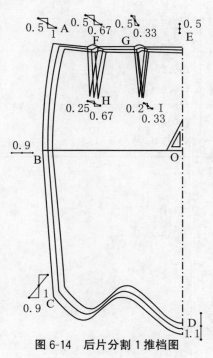

图 6-14 后片分割 1 推档图

后片分割 1 各放码点的位移情况（表 6-7）：

表 6-7　后片分割 1 各放码点的位移情况　　　　　　　　　　　　　　　　(cm)

放码点	位移方向	公　式	备　注
O		Y：0 X：0	坐标原点
A		Y：0.5(0.1ΔG) X：1(ΔW/4)	ΔG＝5 ΔW＝4
B		Y：0 X：0.9(ΔH/4)	ΔH＝3.6
C		Y：1 X：0.9(同点 B)	
D		Y：1.1 X：0	
E		Y：0.5(同点 A) X：0	
F		Y：0.5 X：0.67(ΔW/4×(2/3))	
G		Y：0.5 X：0.33(ΔW/4×(1/3))	
H		Y：0.25 X：0.67(ΔW/4×(2/3))	保"型"
I		Y：0.2 X：0.33(ΔW/4×(1/3))	保"型"

前片推档图(图 6-15):

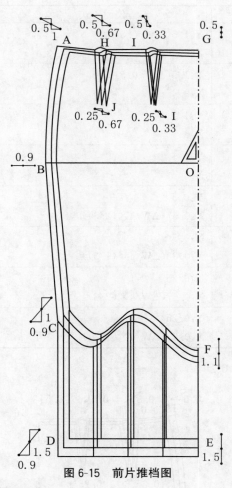

图 6-15　前片推档图

前片各放码点的位移情况(表 6-8):

表 6-8　前片各放码点的位移情况 (cm)

放码点	位移方向	公　式	备　注
O		Y:0 X:0	坐标原点
A	L M S	Y:0.5(0.1G) X:1(△W/4)	
B	L M S	Y:0 X:0.9(△H/4)	
C	M S L	Y:1 X:0.9(△H/4)	

放码点	位移方向	公　式	备　注
D	M↗S／L	Y: 1.5(ΔL−0.5) X: 0.9(ΔH/4)	
E	S M L	Y: 1.5(ΔL−0.5) X: 0	
F	S M L	Y: 1.1 X: 0	
G	L M S	Y: 0.5 X: 0	
H	L M S	Y: 0.5 X: 0.67(ΔW/4×(2/3))	
I	L M S	Y: 0.5 X: 0.33(ΔW/4×(1/3))	
J	L M S	Y: 0.25 X: 0.67(ΔW/4×(2/3))	保"型"
K	L M S	Y: 0.25 X: 0.33(ΔW/4×(1/3))	保"型"

前片分割 1 推档图(图 6-16):

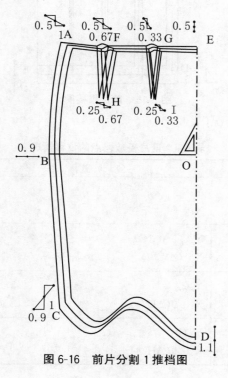

图 6-16　前片分割 1 推档图

前片分割 1 各放码点的位移情况（表 6-9）：

表 6-9　前片分割 1 各放码点的位移情况　　　　　　　　　　　　（cm）

放码点	位移方向	公　式	备　注
O		Y:0 X:0	坐标原点
A	L M S	Y:0.5(0.1G) X:1(ΔW/4)	
B	L M S	Y:0 X:0.9(ΔH/4)	
C	M S L	Y:1 X:0.9(ΔH/4)	
D	S M L	Y:1.1 X:0	
E	L M S	Y:0.5 X:0	
F	L M S	Y:0.5 X:0.67(ΔW/4×(2/3))	
G	L M S	Y:0.5 X:0.33(ΔW/4×(1/3))	
H	L M S	Y:0.25 X:0.67(ΔW/4×(2/3))	
I	L M S	Y:0.25 X:0.33(ΔW/4×(1/3))	

裙腰贴边推档图（图 6-17）：

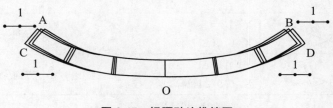

图 6-17　裙腰贴边推档图

裙腰贴边各放码点的位移情况(表 6-10):

表 6-10　裙腰贴边各放码点的位移情况　　　　　　　　　　　　　　(cm)

放码点	位移方向	公　　式	备　　注
A	L M S	Y:0 X:1(ΔW/4)	
B	S M L	Y:0 X:1(ΔW/4)	
C	L M S	Y:0 X:1(ΔW/4)	
D	S M L	Y:0 X:1(ΔW/4)	

下摆展开成波浪裙片的推档图(图 6-18):

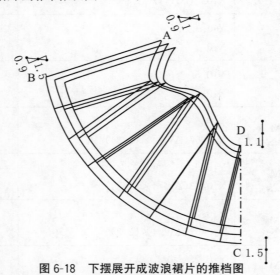

图 6-18　下摆展开成波浪裙片的推档图

下摆展开成波浪裙片的各放码点的位移情况(表 6-11):

表 6-11　下摆展开成波浪裙片的位移情况　　　　　　　　　　　　　(cm)

放码点	位移方向	公　　式	备　　注
A	M L S	$Y':1$ $X':0.9(\Delta H/4)$	方向坐标
B	M S L	$Y':1.5(\Delta L-0.5)$ $X':0.9(\Delta H/4)$	方向坐标
C	S M L	$Y:1.5(\Delta L-0.5)$ X:0	
D	L M S	Y:1.1 X:0	

注意:

点 A、B 进行方向坐标放码。

六、裁剪样板

面子样板(图 6-19)：

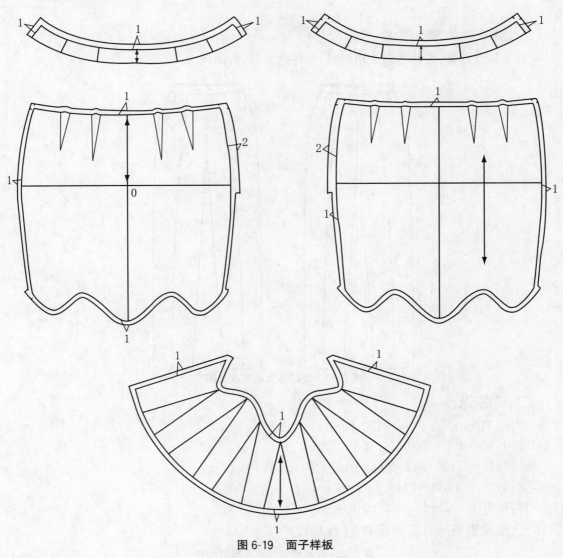

图 6-19　面子样板

第三节　较贴体女西裤

一、款式特点(图 6-20)

较贴体女西裤,前片各两个褶裥,后片各两个省,直插袋。

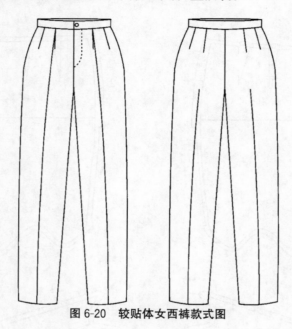

图 6-20　较贴体女西裤款式图

二、规格设计

裤长:TL＝0.6G＋2＝98(cm);

腰围:W＝W*＋2＝70(cm);

臀围:H＝(H*＋内裤厚度)＋10＝102(cm);

立裆:BR＝TL/10＋H/10＋8＝28(cm);

脚口:SB＝0.2H＋2＝22(cm)。

三、成品规格尺寸及推板档差(表 6-12)

表 6-12　成品规格尺寸及推板档差　　　　　　　　　　　　　　　　　(cm)

部位	155/64A(S)	160/68A(M)	165/72A(L)	档差
裤长(TL)	95	98	101	3
腰围(W)	66	70	74	4
臀围(H)	98.4	102	105.6	3.6
立裆(BR)	27.25	28	28.75	0.75
脚口(SB)	21.5	22	22.5	0.5

四、结构制图

第一步(图 6-21):绘制基准线:裤基本线、裤长线、横裆线、后横裆开落线、臀围线、中裆线和臀围宽线。

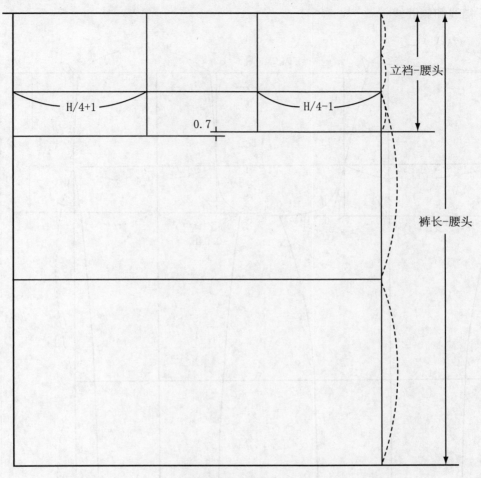

图 6-21 第一步

第二步(图 6-22):确定前、后裆宽大小,绘制前、后挺缝线;再确定腰围和脚口大小,绘制上、下裆线和侧缝线。

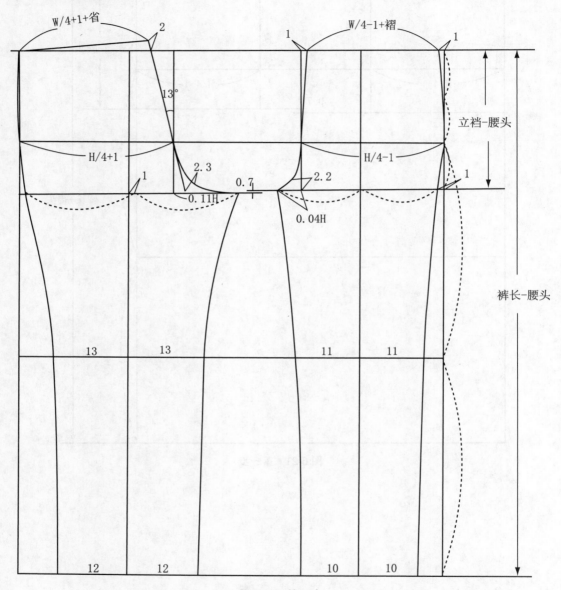

图 6-22　第二步

第三步(图 6-23):确定前片裥位、后片省位;再绘制前片双褶、后片两省,并加深净样轮廓线。

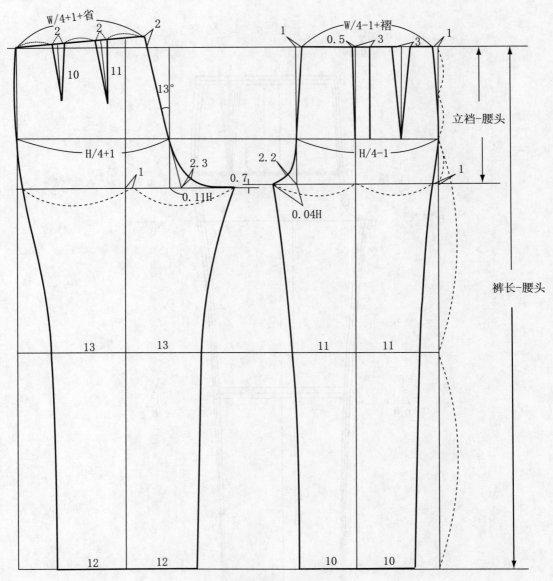

图 6-23　第三步

五、样板推档图(放码图)

前片推档图(图 6-24):

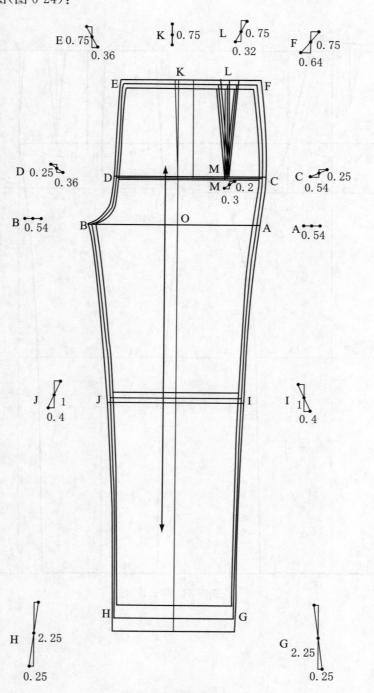

图 6-24 前片推档图

前片各放码点的位移情况（表 6-13）：

表 6-13　前片各放码点的位移情况　　　　　　　　　　　　　　　　　　(cm)

放码点	位移方向	公　式	备　注
O		Y：0 X：0	坐标原点
A		Y：0 X：0.54（ΔH/4＋0.05ΔH）/2	ΔH＝3.6
B		Y：0 X：0.54（ΔH/4＋0.05ΔH）/2	
C		Y：0.25（ΔBR/3） X：同 A	ΔBR＝0.75，保证侧缝型不变
D		Y：同 C X：0.36（ΔH/4－0.54）	
E		Y：0.75（ΔBR） X：同 D	保证前裆线型不变
F		Y：同 E X：0.64（ΔW/4－0.36）	ΔW＝4
G		Y：2.25（ΔTL－ΔBR） X：0.25（ΔSB/2）	ΔTL＝3 ΔSB＝0.5
H		Y：同 G X：0.25（ΔSB/2）	
I		Y：1（ΔTL－2ΔBR/3）/2－ΔBR/3） X：0.4	保"型"
J		Y：同 I X：0.4	
K		Y：同 E X：0	
L		Y：同 E X：0.32（0.64/2）	保证省位
M		Y：同 C X：同 L	保"型"

后片推档图(图6-25)：

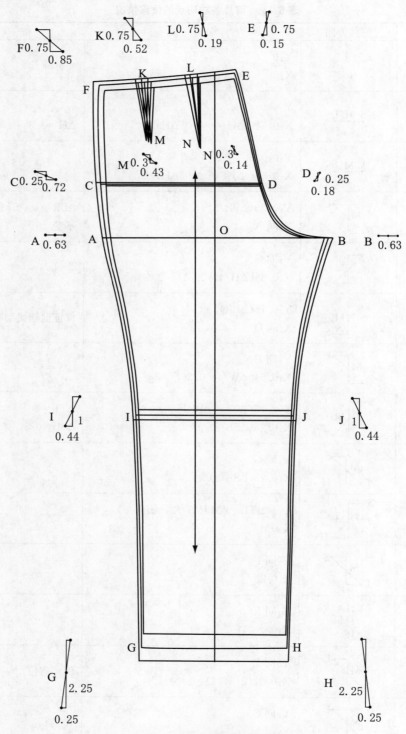

图6-25 后片推档图

后片各放码点的位移情况（表 6-14）：

表 6-14　后片各放码点的位移情况 (cm)

放码点	位移方向	公　式	备　注
O		Y：0 X：0	坐标原点
A	L M S	Y：0 X：0.63(ΔH/4＋0.1ΔH)/2	ΔH＝3.6
B	S M L	Y：0 X：0.63(ΔH/4＋0.1ΔH)/2	
C	L M S	Y：0.25(ΔBR/3) X：0.72	ΔBR＝0.75， 保侧缝形状
D	M L S	Y：同 C X：0.18(ΔH/4－0.72)	
E	M L S	Y：0.75(ΔBR) X：0.15	保"型"
F	L M S	Y：同 E X：0.85(ΔW/4－0.15)	ΔW＝4
G	M S L	Y：2.25(ΔTL－ΔBR) X：0.25(ΔSB/2)	ΔTL＝3 ΔSB＝0.5
H	S M L	Y：同 G X：0.25(ΔSB/2)	
I	M S L	Y：1((ΔTL－2ΔBR/3)/2－ΔBR/3) X：0.44	保"型"
J	S M L	Y：同 I X：0.44	
K	L M S	Y：同 E X：0.52 保"型"	也可参考(0.85－ΔW/12)
L	L M S	Y：同 E X：0.19 保"型"	也可参考(0.85－2ΔW/12)
M	L M S	Y：0.3(0.75－省长的变量) X：0.43	省长变量取 0.45 保"型"
N	L M S	Y：同 M X：0.14	保"型"

六、裁剪样板和工艺样板

(一)裁剪样板

面子样板(图 6-26):

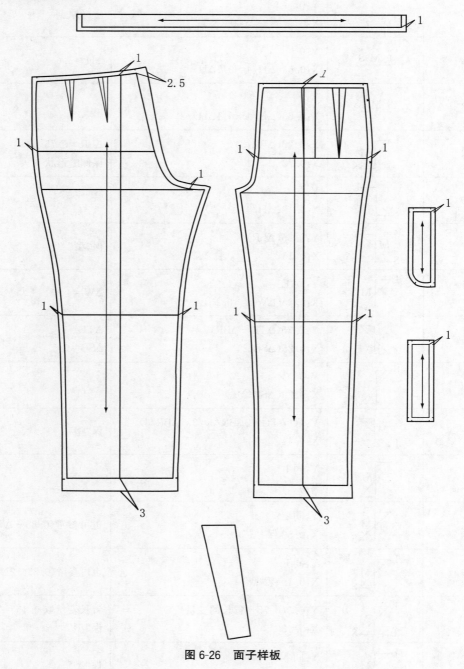

图 6-26　面子样板

零部件裁剪样板(图6-27):

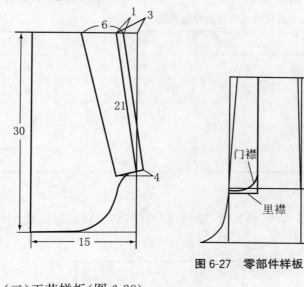

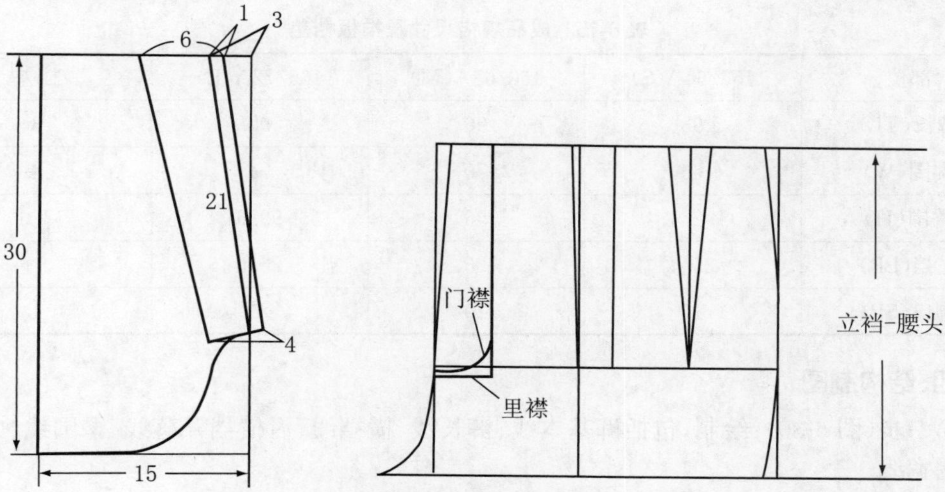

图6-27　零部件样板

(二)工艺样板(图6-28)

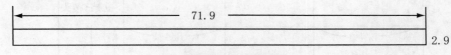

图6-28　工艺样板

第四节　变化的牛仔裤

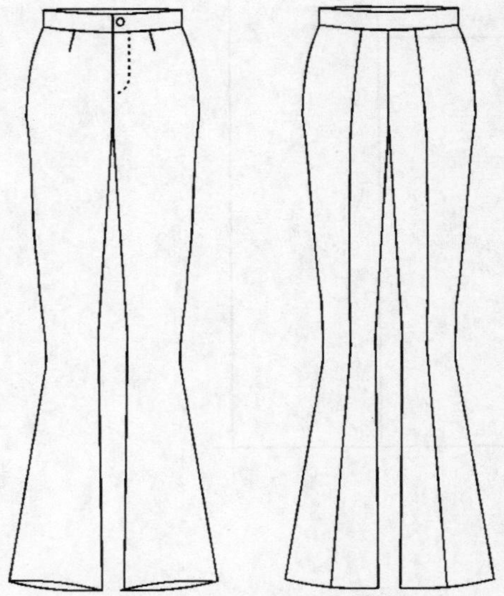

一、款式特点(图6-29)

贴体牛仔裤,前片各收一个省,后片有分割,喇叭裤口。

二、规格设计

裤长:$TL=0.6G=96$(cm);

腰围:$W=W^*+2=70$(cm);

臀围:$H=(H^*+内裤厚度)+4=96$(cm);

立裆:$BR=TL/10+H/10+7=26$(cm);

脚口:$SB=0.2H+1=20$(cm)。

图6-29　变化的牛仔裤款式图

三、成品规格尺寸及推板档差(表6-15)

表 6-15　成品规格尺寸及推板档差　　　　　　　　　　　(cm)

部位	155/64A(S)	160/68A(M)	165/72A(L)	档差
裤长(TL)	93	96	99	3
腰围(W)	66	70	74	4
臀围(H)	92.4	96	99.6	3.6
立裆(BR)	25.4	26	26.6	0.6
脚口(SB)	19	20	21	1

四、结构制图

第一步(图 6-30):绘制,包括裤基本线、裤长线、横裆线、后横裆开落线、臀围线、中裆线和臀围宽线。

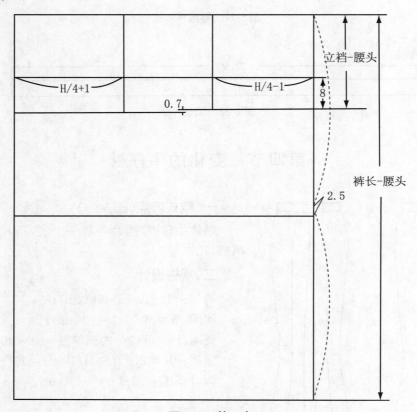

图 6-30　第一步

第二步（图 6-31）：确定前、后裆宽大小，绘制前、后挺缝线；再确定腰围和脚口大小，绘制上、下裆线和侧缝线。

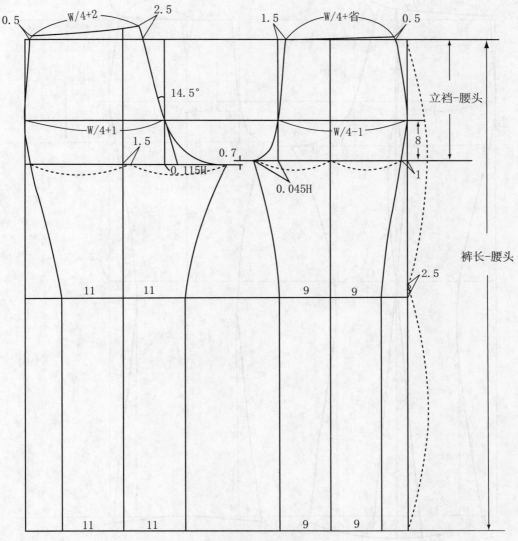

图 6-31 第二步

第三步(图 6-32):绘制前片省;再确定脚口的变化量,分割后片,并加深净样轮廓线。

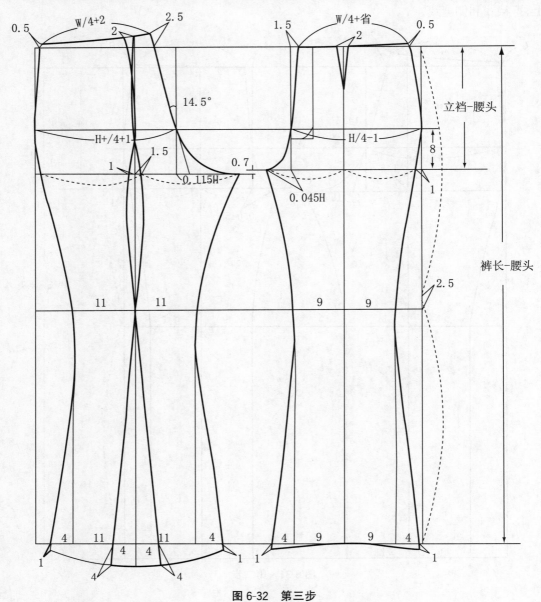

图 6-32　第三步

五、样板推档图(放码图)

前片推档图(图 6-33)：

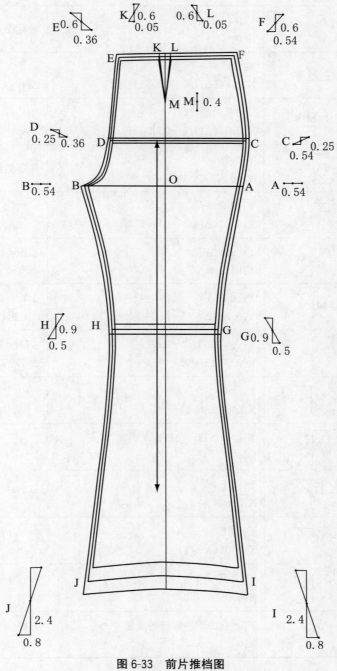

图 6-33　前片推档图

前片各放码点的位移情况(表6-16):

表6-16 前片各放码点的位移情况 (cm)

放码点	位移方向	公　式	备　注
O		Y:0 X:0	坐标原点
A	S M L	Y:0 X:0.54(ΔH/4＋0.05ΔH)/2	ΔH＝3.6
B	L M S	Y:0 X:0.54(ΔH/4＋0.05ΔH)/2	
C	M L S	Y:0.25 X:同A	保证侧缝线型不变
D	L M S	Y:同C X:0.36(ΔH/4－0.54)	
E	L M S	Y:0.6(ΔBR) X:同D	ΔBR＝0.6,保证前裆线型 不变
F	M L S	Y:同E X:0.54(ΔW/4－0.36＝0.64,取0.54)	ΔW＝4 0.1为省大的变量
G	S M L	Y:0.9(ΔTL/2－ΔBR) X:0.5(ΔSB/2)	ΔTL＝3 ΔSB＝1
H	S M L	Y:同G X:0.5(ΔSB/2)	
I	S M L	Y:2.4(ΔTL－ΔBR) X:0.8	保"型"
J	M S L	Y:同I X:0.8	保"型"
K	M L S	Y:同E X:0.05(0.1/2)	0.1为省大的变量
L	L M S	Y:同E X:0.05(0.1/2)	0.1为省大的变量
M	L M S	Y:0.4(ΔBR－省长的变量) X:0	省长的变量＝0.2

后片推档图（图 6-34）：

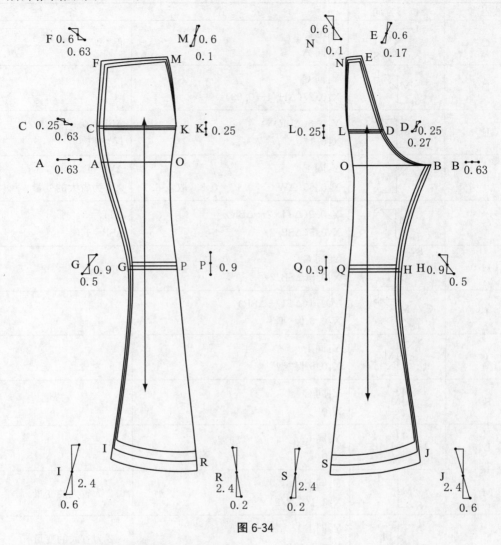

图 6-34

后片各放码点的位移情况（表 6-17）：

表 6-17　后片各放码点的位移情况　　　　　　　　　　　　　　　　（cm）

放码点	位移方向	公　式	备　注
O		Y：0 X：0	坐标原点
A	L M S	Y：0 X：0.63(ΔH/4＋0.1ΔH)/2	ΔH＝3.6
B	S M L	Y：0 X：0.63(ΔH/4＋0.1ΔH)/2	

放码点	位移方向	公　式	备　注
C		Y:0.25 X:同 A	保"型"
D		Y:同 C X:0.27(ΔH/4−0.63)	
E		Y:0.6(ΔBR) X:0.17	ΔBR=0.6 保"型"
F		Y:同 E X:0.63(ΔW/4−0.17=0.83,取 0.63)	ΔW=4 0.2 为省大的变量
G		Y:0.9(ΔTL/2−ΔBR) X:0.5(ΔSB/2)	ΔTL=3 ΔSB=1
H		Y:同 G X:0.5(ΔSB/2)	
I		Y:2.4(ΔTL−ΔBR) X:0.6 保"型"	
J		Y:同 I X:0.6 保"型"	
K		Y:同 C X:0	
L		Y:同 C X:0	
M		Y:同 E X:0.1(0.2/2)	0.2 为省大的变量
N		Y:同 E X:0.1(0.2/2)	0.2 为省大的变量
P		Y:同 G X:0 保"型"	
Q		Y:同 G X:0 保"型"	
R		Y:同 I X:0.2 保"型"	
S		Y:同 I X:0.2 保"型"	

注意：

①虽然变化牛仔裤的立裆较短，但臀围线与横裆线之间的距离并没有因此而变短，故横裆线的放码量仍为女西裤的横裆线的放码量，而不是牛仔裤立裆档差的 1/3，所以取 0.25cm，而不是 0.2cm。

②为保证前裆线放码前后的平行，前中心点的放码量与臀围线前中心点的放码量一致，而腰围线侧缝处的放码量理论上应为 0.64cm（$\Delta W/4-0.36$），但为了保证紧身牛仔裤侧缝处的型，故放码量调整到 0.54cm，剩下的 0.1cm 在省道里处理，这样既保"型"，又保"量"。

后片同理。

③中裆处放码量的确定主要是考虑量，而脚口处放码量的确定更多地考虑型。

六、裁剪样板和工艺样板

（一）裁剪样板

面子样板（图 6-35）：

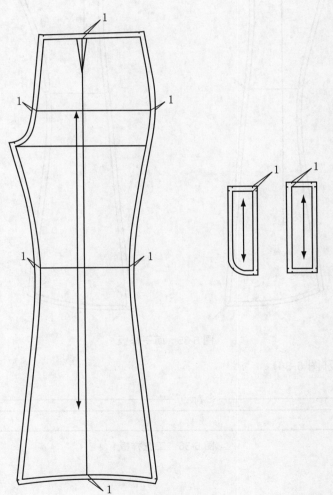

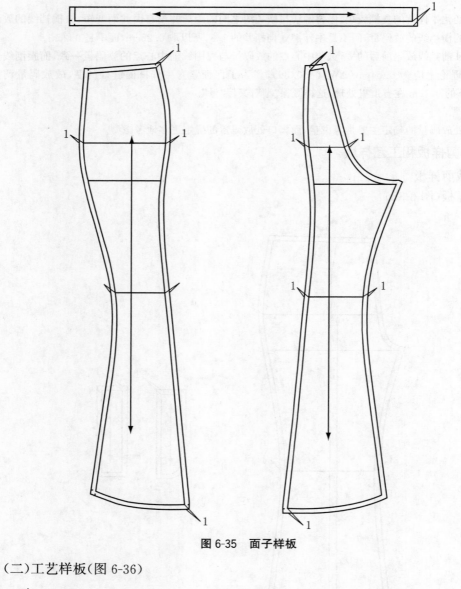

图 6-35　面子样板

（二）工艺样板（图 6-36）

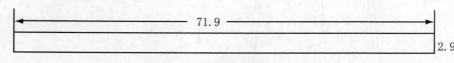

71.9

2.9

图 6-36　工艺样板

第五节 女衬衫

一、款式特点(图6-37)

驳领5粒扣女衬衫,前后育克开刀分割收胸省和背省,半袖。前翻门襟,后片两旁各缉5条塔克,属较宽松风格。

图6-37 女衬衫款式图

二、规格设计

衣长:$L=0.4G+5=69(cm)$;

胸围:$B=B^*+20(较宽松风格)=104(cm)$;

领围:$N=0.25B^*+17=38(cm)$;

肩宽:$S=0.3B+10.8=42(cm)$;

袖长:$SL=0.15G+5+1(垫肩厚)=30(cm)$;

袖口大:$CW=(0.1B^*+6.6)\times2=30(cm)$。

三、成品规格尺寸及推板档差(表6-18)

表6-18 成品规格尺寸及推板档差 (cm)

部位	155/80A(S)	160/84A(M)	165/88A(L)	档差
衣长(L)	67	69	71	2
胸围(B)	100	104	108	4
袖长(SL)	29	30	31	1
肩宽(S)	40.8	42	43.2	1.2
袖口(CW)	29	30	31	1
领围(N)	37	38	39	1

四、结构制图

第一步(图6-38):绘制基准线,包括衣长线、背中心线、胸围线、上衣基本线、后领深线、后领宽线、前胸宽线、后背宽线、摆缝线。

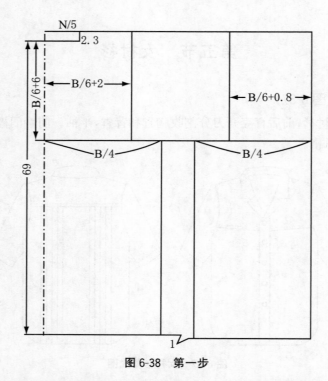

图 6-38　第一步

第二步(图 6-39)：确定前领宽线、前后肩斜线、后育克分割位置、后肩宽点。

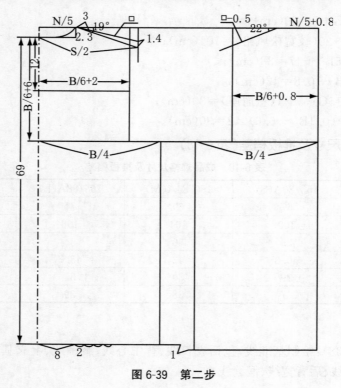

图 6-39　第二步

　　第三步(图 6-40):确定前肩点、前后领口弧线、袖窿弧线、侧缝线、下摆线、前后分割线、前门襟、扣位、塔克。

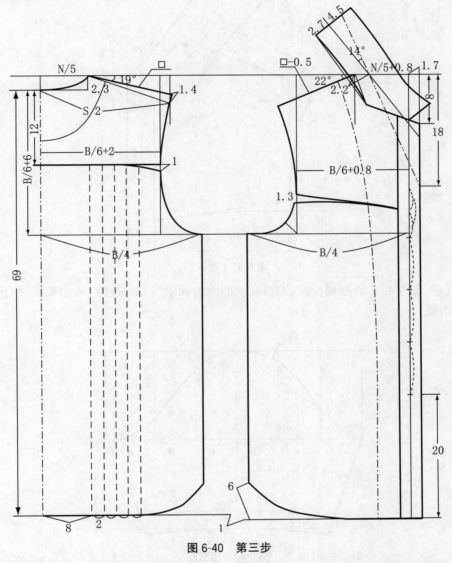

图 6-40　第三步

　　第四步(图 6-41):确定基点位置、翻折线、翻领松度(14°)、后领中心线、底领领口线、翻领外口线、完成领子制图。

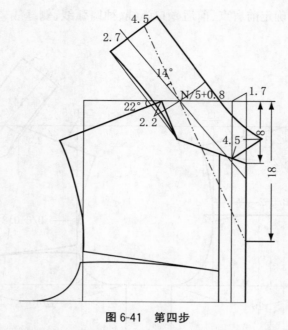

图 6-41　第四步

第五步(图 6-42):绘制袖长线、袖口线、袖壮线、袖中线,确定前后袖山弧线,作出袖口弧线、袖贴边线。

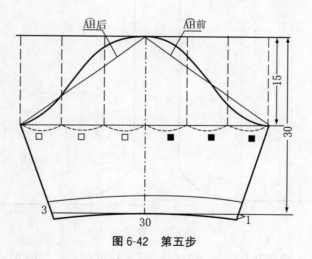

图 6-42　第五步

五、样板推档图（放码图）

后片推档图（图 6-43）：

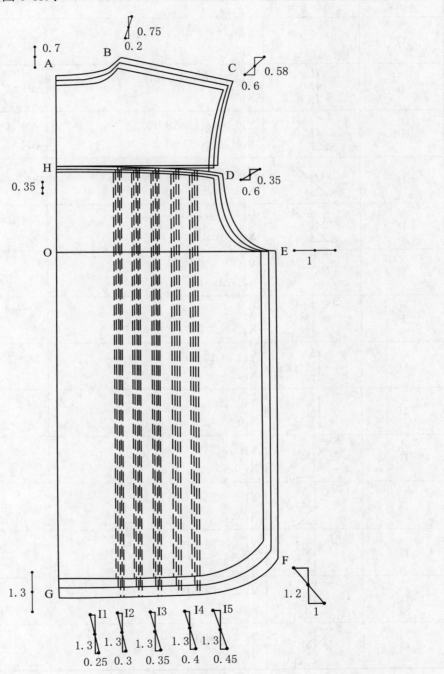

图 6-43　后片推档图

后片各放码点的位移情况(表6-19)：

表6-19　后片各放码点的位移情况　　　　　　　　　　　　　　(cm)

放码点	位移方向	公　式	备　注
O		Y：0 X：0	坐标原点
A		Y：0.7(ΔB/6＝0.66,取0.7) X：0	ΔB＝4
B		Y：0.75(0.7＋ΔN/15) X：0.2(ΔN/5)	ΔN/15≈0.05 ΔN＝1
C		Y：0.58(与BC平行) X：0.6(ΔS/2)	ΔS＝1.2
D		Y：0.35(0.7/2) X：0.6(ΔB/6)	0.6后背宽档差
E		Y：0 X：1(ΔB/4)	
F		Y：1.2 X：1(同点E)	保"型"
G		Y：1.3(ΔL−0.7) X：0	ΔL＝2
H		Y：0.35(0.7/2) X：0	
I1		Y：1.3(同点G) X：0.25	
I2		Y：1.3(同点G) X：0.3	
I3		Y：1.3(同点G) X：0.35	
I4		Y：1.3(同点G) X：0.4	
I5		Y：1.3(同点G) X：0.45	

120

后片分割推档图（后肩育克）（图 6-44）：

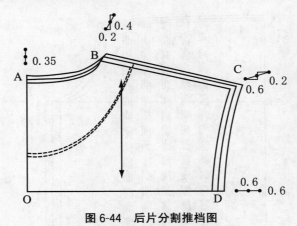

图 6-44　后片分割推档图

后片分割推档图（后肩育克）各放码点的位移情况（表 6-20）：

表 6-20　后片分割（后肩育克）各放码点的位移情况　　　　　　　　　　(cm)

放码点	位移方向	公　式	备　注
O		Y：0 X：0	坐标原点
A	L M S	Y：0.35(0.7—0.35) X：0	
B	M L S	Y：0.4(0.35+ΔN/15) X：0.2(ΔN/5)	
C	M L S	Y：0.2 X：0.6(Δ S/2)	保"型"
D	S M L	Y：0 X：0.6(ΔB/6)	

后片分割推档图（后衣片）（图 6-45）：

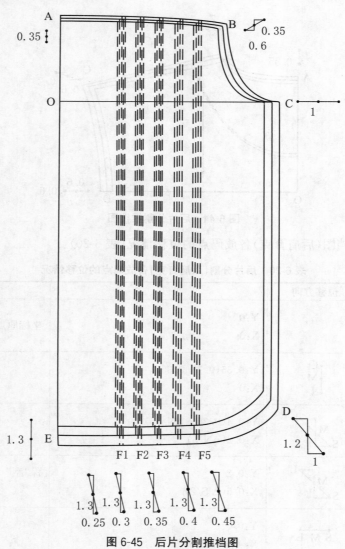

图 6-45　后片分割推档图

后片分割推档图（后衣片）各放码点的位移情况（表 6-21）：

表 6-21　后片分割（后衣片）各放码点的位移情况　　　　　　　　　　　　　(cm)

放码点	位移方向	公　　式	备　　注
O		Y：0 X：0	坐标原点
A	L M S	Y：0.35 X：0	

放码点	位移方向	公　　式	备　　注
B		Y:0.35 X:0.6(ΔB/6)	
C		Y:0 X:1(ΔB/4)	
D		Y:1.2 X:1(ΔB/4)	
E		Y:1.3(ΔL−0.7) X:0	
F1		Y:1.3(ΔL−0.7) X:0.25	
F2		Y:1.3 X:0.3	
F3		Y:1.3 X:0.35	
F4		Y:1.3 X:0.4	
F5		Y:1.3 X:0.45	

后领贴边推档图（图 6-46）：

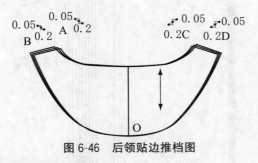

图 6-46　后领贴边推档图

后领贴边各放码点的位移情况（表 6-22）：

表 6-22　后领贴边各放码点的位移情况　　　　　　　　　　　　　　　(cm)

放码点	位移方向	公　　式	备　　注
O		Y:0 X:0	坐标原点

放码点	位移方向	公　式	备　注
A		$Y: 0.05(\Delta N/15)$ $X: 0.2(\Delta N/5)$	
B		$Y: 0.05$ $X: 0.2$	
C		$Y: 0.05$ $X: 0.2$	
D		$Y: 0.05$ $X: 0.2$	

前片推档图(图 6-47)：

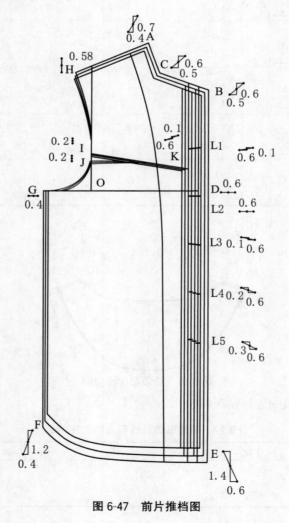

图 6-47　前片推档图

前片各放码点的位移情况（表6-23）：

表6-23　前片各放码点的位移情况 （cm）

放码点	位移方向	公　式	备　注
O		Y：0 X：0	坐标原点
A		Y：0.7（ΔB/6＝0.66，取0.7） X：0.4（0.6－ΔN/5）	ΔB＝4cm 0.6后背宽档差
B		Y：0.5（0.7－ΔN/5） X：0.6（ΔB/6≈0.66 取0.6）	
C		Y：0.6（与CB平行） X：0.5（与AC平行）	保"型"
D		Y：0 X：0.6（ΔB/6）	0.6后背宽档差
E		Y：1.4（Δ前衣长－0.7） X：0.6（同点D）	Δ前衣长＝2.1
F		Y：1.2 X：0.4（ΔB/4－0.6）	
G		Y：0 X：0.4（ΔB/4－0.6）	
H		Y：0.58（与AH平行） X：0（肩冲不变）	保"型"
I		Y：0.2 X：0	
J		Y：0.2 X：0	
K		Y：0.1 X：0.6（同点D）	保"型"
L1		Y：0.1 X：0.6（同点D）	
L2		Y：0 X：0.6（同点D）	
L3		Y：0.1 X：0.6（同点D）	

放码点	位移方向	公　式	备　注
L4	S M L	Y：0.2 X：0.6（同点 D）	
L5	S M L	Y：0.3 X：0.6（同点 D）	

注意：

规格尺寸的衣长是指后中心衣长，前衣长指前颈侧点到下摆的垂直距离，△前衣长＝2.1cm，△后中心衣长（△L）＝2cm，△后衣长＝2.05cm。

挂面推档图（图 6-48）：

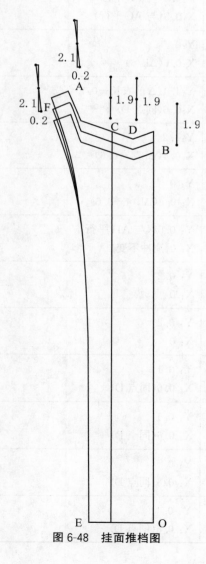

图 6-48　挂面推档图

126

挂面各放码点的位移情况(表 6-24):

表 6-24 挂面各放码点的位移情况 （cm）

放码点	位移方向	公 式	备 注
O		Y:0 X:0	坐标原点
A	L↘M↘S	Y:2.1 X:0.2(ΔN/5)	Δ前衣长=2.1cm
B	L↑M↓S	Y:1.9(2.1−ΔN/5) X:0	
C	L↑M↓S	Y:1.9(2.1−ΔN/5) X:0	
D	L↑M↓S	Y:1.9(2.1−ΔN/5) X:0	
E		Y:0 X:0	保持挂面宽度不变
F	L↘M↘S	Y:2.1(同点 A) X:0.2(同点 A)	保"型"

前片分割推档图(前育克)(图 6-49):

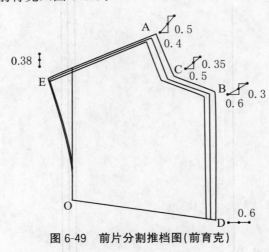

图 6-49 前片分割推档图(前育克)

前片分割——前育克各放码点的位移情况（表 6-25）：

表 6-25　前片分割——前育克各放码点的位移情况　　　　　　　　（cm）

放码点	位移方向	公　式	备　　注
O		Y：0 X：0	坐标原点
A	M S L	Y：0.5(0.7－0.2) X：0.4(0.6－△N/5)	0.6 前胸宽档差
B	M S L	Y：0.3(0.5－△N/5) X：0.6(△B/6)	0.6 前胸宽档差
C	M S L	Y：0.35（与 BC 平行） X：0.5（与 AC 平行）	保"型"
D	S M L	Y：0（或 0.1） X：0.6(△B/6)	保"型" 0.6 前胸宽档差
E	L M S	Y：0.38（与 AE 平行） X：0（肩冲不变）	（与 △S/2）有关

前片分割推档图（前衣片）（图 6-50）：

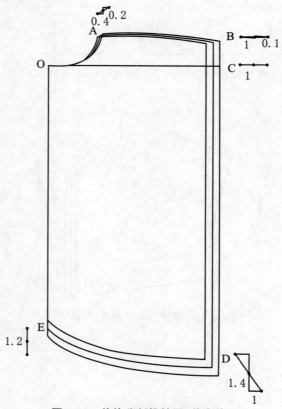

图 6-50　前片分割推档图（前衣片）

前片分割(前衣片)各放码点的位移情况(表 6-26)：

表 6-26　前片分割(前衣片)各放码点的位移情况　　　　　　　　　(cm)

放码点	位移方向	公　式	备　注
O		Y：0 X：0	坐标原点
A		Y：0.2 X：0.4(ΔB/4−0.6)	
B		Y：0.1(或 0.2) X：1(ΔB/4)	保"型"
C		Y：0 X：1(ΔB/4)	
D		Y：1.4(Δ 前衣长−0.7) X：1(ΔB/4)	Δ 前衣长＝2.1cm
E		Y：1.2(与后侧缝线相等) X：0	保"型"

袖片推档图(图 6-51)：

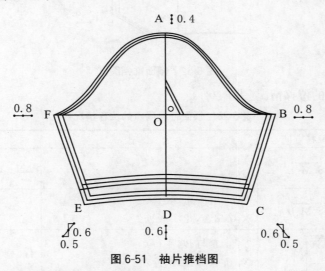

图 6-51　袖片推档图

袖片各放码点的位移情况(表 6-27)：

表 6-27　袖片各放码点的位移情况　　　　　　　　　(cm)

放码点	位移方向	公　式	备　注
O		Y：0 X：0	坐标原点
A		Y：0.4(ΔB/10) X：0	

续表

放码点	位移方向	公　式	备　注
B	$\overline{\text{S M L}}$	Y：0 X：0.8(ΔB/5)	0.8是袖肥档差
C	S M L	Y：0.6(ΔSL$-\Delta$B/10) X：0.5(ΔCW/2)	ΔSL=1 ΔCW=1
D	S M L	Y：0.6(同点 C) X：0	
E	M S L	Y：0.6(同点 C) X：0.5(ΔCW/2)	ΔCW=1
F	$\overline{\text{L M S}}$	Y：0 X：0.8(ΔB/5)	

注意：

较宽松袖子袖山高档差取 ΔB/10，袖肥档差取 ΔB/5。

领面推档图（图 6-52）：

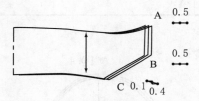

图 6-52　领面推档图

领面各放码点的位移情况（表 6-28）：

表 6-28　领面各放码点的位移情况 (cm)

放码点	位移方向	公　式	备　注
A	$\overline{\text{S M L}}$	Y：0 X：0.5(ΔN/2)	ΔN=1
B	$\overline{\text{S M L}}$	Y：0 X：0.5(ΔN/2)	
C	S M L	Y：0.1(与 BC 平行) X：0.4(与 BC 平行)	保"型"

领里推档图（图 6-53）：

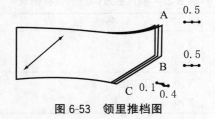

图 6-53　领里推档图

领里各放码点的位移情况（表 6-29）：

表 6-29　领里各放码点的位移情况　　　　　　　　　　　　　　　(cm)

放码点	位移方向	公　　式	备　　注
A	S̲ M L	Y：0 X：0.5(ΔN/2)	ΔN＝1
B	S̲ M L	Y：0 X：0.5(ΔN/2)	
C	S M L	Y：0.1（与 BC 平行） X：0.4（与 BC 平行）	保"型"

六、裁剪样板和工艺样板

（一）裁剪样板

面子样板（图 6-54）：

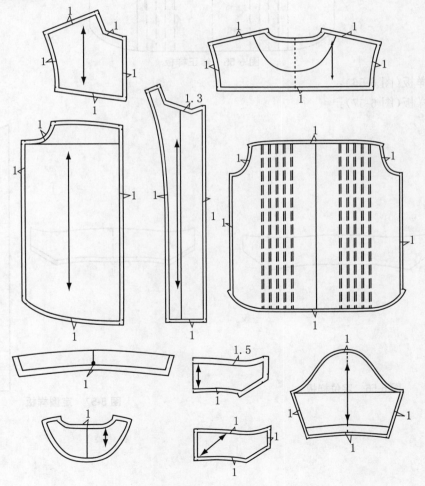

图 6-54　面子样板

（二）工艺样板

修正样板（图 6-55）：

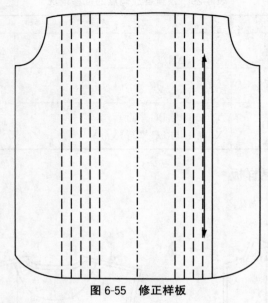

图 6-55　修正样板

定位样板（图 6-56）：

定型样板（图 6-57）：

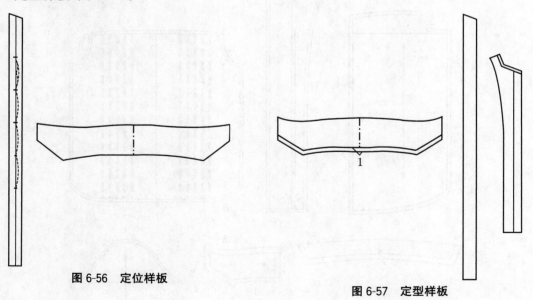

图 6-56　定位样板

图 6-57　定型样板

第六节 变化女衬衫

一、款式特点(图6-58)

翻立领,前中心处收细褶衬衫,前、后片左右各收腰省一个,一片式衬衫袖(袖克夫较宽8cm),袖口开衩长10cm。

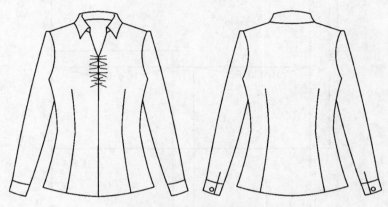

图6-58 变化女衬衫款式图

二、规格设计

衣长:$L=0.35G+1=57$(cm)(短上衣);

胸围:$B=B^*+8$(较贴体风格)$=92$(cm);

腰围:$W=B-14=78$(cm);

背长:$BAL=38$cm(国标);

领围:$N=0.25B^*+17=38$(cm);

肩宽:$S=0.3B+11.4=39$(cm);

袖长:$SL=0.3G+9=57$(cm);

袖口:$CW=(0.1B^*+2.1)\times2=21$(cm)。

三、成品规格尺寸及推板档差(表6-30)

表6-30 成品规格尺寸及推板档差 (cm)

部位	155/80A(S)	160/84A(M)	165/88A(L)	档差
衣长(L)	55.5	57	58.5	1.5
胸围(B)	88	92	96	4
腰围(W)	74	78	82	4
领围(N)	37	38	39	1
背长(BAL)	37	38	39	1
肩宽(S)	38	39	40	1
袖口(CW)	20	21	22	1
袖长(SL)	55.5	57	58.5	1.5

四、结构制图

第一步(图 6-59):依次绘制后背中心线、衣长线、胸围线、腰围线、前中心线、上衣基本线、摆缝线、后领深线、后领宽线、前领深线、前领宽线。

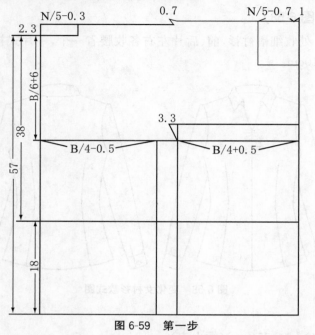

图 6-59　第一步

第二步(图 6-60):依次绘制前、后肩斜线,确定后肩点和前肩点,然后绘制前胸宽线、后背宽线,再确定前后腰省位置。

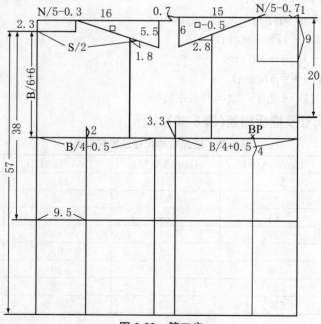

图 6-60　第二步

第三步(图 6-61)：图中(a)依次绘制前后领弧线、前后袖窿弧线、侧缝线、下摆线、腰省、前后领贴边。图中(b)第一次进行省道转移。图中(c)第二次进行分割(两条分割线)。图中(d)剪开下面的分割线(展开量约 4cm)。图中(e)再剪开上面的分割线(展开量约 3cm)。图中(f)是经过二次变化后的结构图。

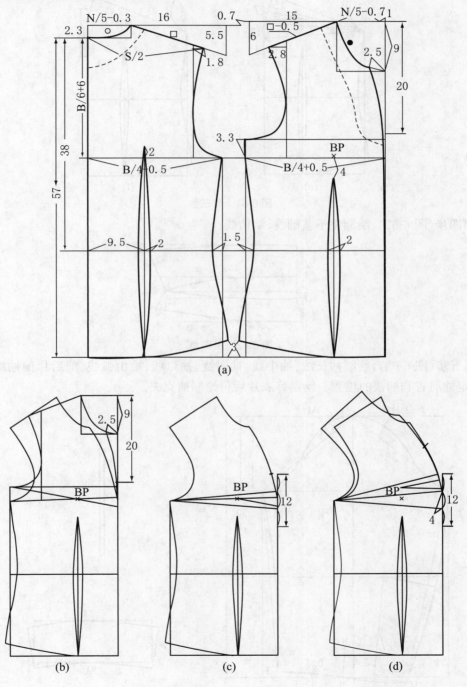

(a)

(b)　　　　(c)　　　　(d)

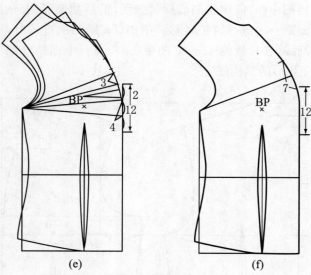

图 6-61　第三步

第四步(图 6-62):绘制领子基础线、结构线。

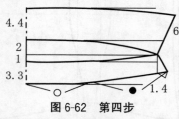

图 6-62　第四步

第五步(图 6-63):绘制袖长线、袖中线、袖肘线、袖口线、袖山弧线、前后片偏袖线、袖口线,确定袖肘省和袖衩的位置。绘制好衣片后再绘制袖克夫。

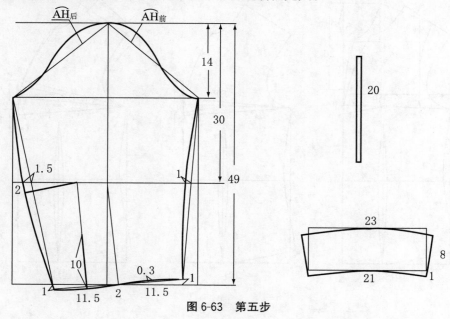

图 6-63　第五步

五、样板推档图(放码图)

后片推档图(图 6-64)：

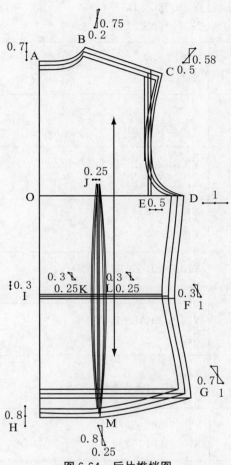

图 6-64　后片推档图

后片各放码点的位移情况(表 6-31)：

表 6-31　后片各放码点的位移情况　　　　　　　　　(cm)

放码点	位移方向	公　式	备　注
O		Y：0 X：0	坐标原点
A	L M S	Y：0.7(ΔB/6=0.66，取 0.7) X：0	ΔB=4
B	M　L S	Y：0.75(0.7+ΔN/15) X：0.2(ΔN/5)	ΔN/15≈0.05

放码点	位移方向	公　式	备　注
C	 L M S	Y：0.58(与 BC 平行) X：0.5(△S/2)	△S＝1
D	S M L	Y：0 X：1(△B/4)	
E	S M L	Y：0 X：0.5(0.13△B)	0.13△B≈0.5
F	S M L	Y：0.3(△BAL－0.7) X：1(△W/4)	△BAL＝1 △W/4＝1
G	S M L	Y：0.7 X：1	保"型"
H	S M L	Y：0.8(△L－0.7) X：0	△L＝1.5
I	S M L	Y：0.3(△BAL－0.7) X：0	
J	S M L	Y：0 X：0.25(后背宽变量/2)	
K	S M L	Y：0.3(同 I 点) X：0.25(同 J 点)	
L	S M L	Y：0.3(同 I 点) X：0.25(同 J 点)	
M	S M L	Y：0.8(同 H 点) X：0.25(同 J 点)	

前片推档图(图 6-65)：

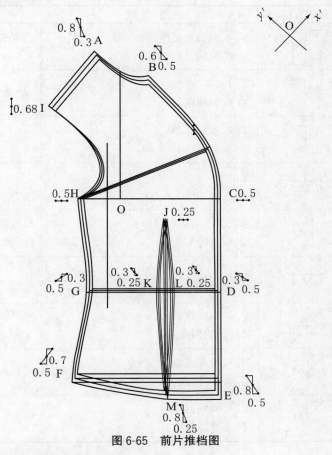

图 6-65　前片推档图

前片各放码点的位移情况(表 6-32)：

表 6-32　前片各放码点的位移情况　　　　　　　　　　　　　　(cm)

放码点	位移方向	公　式	备　注
O		$Y:0$ $X:0$	坐标原点
A	L M S	$Y':0.8(0.7+\Delta N/15+\Delta B/80)$ $X':0.3(0.13\Delta B-\Delta N/5)$	$\Delta N/15+\Delta B/80=0.1$ 注：Y'、X'方向坐标
B	L M S	$Y':0.6(0.8-\Delta N/5)$ $X':0.5(0.13\Delta B)$	0.5 是前胸宽的变量 注：Y'、X'方向坐标
C	S M L	$Y:0$ $X:0.5(0.13\Delta B)$	0.5 是前胸宽的变量
D	S M L	$Y:0.3(\Delta WL-0.8)$ $X:0.5(同点 C)$	$\Delta WL=\Delta BAL+0.1=1.1$ (前腰节差)

续表

放码点	位移方向	公　式	备　注
E	S M L	Y: 0.8(前衣长档差－0.8) X: 0.5(同点 C)	前衣长档差＝ΔL＋0.1＝1.6
F	M S L	Y: 0.7 X: 0.5(同点 H)	保"型"
G	M S L	Y: 0.3(同点 D) X: 0.5(ΔW/4－0.5)	
H	L M S	Y: 0 X: 0.5(ΔB/4－0.5)	
I	L M S	Y′: 0.68(与 AI 平行) X′: 0(肩冲不变)	保"型" 注: Y′、X′方向坐标
J	S M L	Y: 0 X: 0.25(0.5/2)	
K	S M L	Y: 0.3(同点 D) X: 0.25(同点 J)	
L	S M L	Y: 0.3(同点 D) X: 0.25(同点 J)	
M	S M L	Y: 0.8(同点 E) X: 0.25(同点 J)	

注意:
①点 A 的方向坐标随着衣片的展开发生变化,在此我们采用方向坐标的方法。
②规格尺寸衣长指后中心衣长,前衣长指前颈侧点到下摆的垂直距离。

袖片推档图（图6-66）：

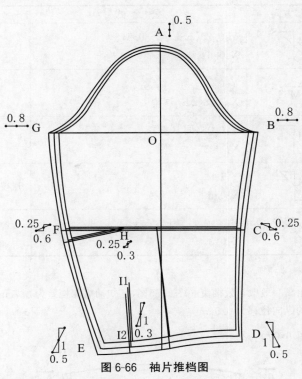

图6-66　袖片推档图

袖片各放码点的位移情况（表6-33）：

表6-33　袖片各放码点的位移情况　　　　　　　　　　　　　　　（cm）

放码点	位移方向	公　　式	备　　注
O		Y：0 X：0	坐标原点
A	L M S	Y：0.5 X：0	
B	S M L	Y：0 X：0.8（△B/5）	0.8 是袖肥的档差
C	S M L	Y：0.25（△SL/2−0.5） X：0.6	保"型"
D	S M L	Y：1（△SL−0.5） X：0.5（△CW/2）	△SL＝1.5 △CW＝1cm
E	M S L	Y：1（△SL−0.5） X：0.5（△CW/2）	△SL＝1.5cm

放码点	位移方向	公　式	备　注
F	M S L	Y：0.25(△SL /2－0.5) X：0.6	保"型"
G	L M S	Y：0 X：0.8(△B/5)	
H	M S L	Y：0.25(同 F 点) X：0.3	
I1	M S L	Y：1 X：0.3	开衩的大小保持不变
I2	M S L	Y：1 X：0.3	

注意：

对于贴体款式的袖山高一般取有效袖窿80%～85%，已知袖窿深档差为0.7cm，则有效袖窿档差近似为0.6cm，在此取点 A 的纵向位移为0.5cm。

袖克夫推档图（图6-67）：

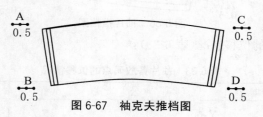

图6-67　袖克夫推档图

袖克夫各放码点的位移情况（表6-34）：

表6-34　袖克夫各放码点的位移情况 　　　　　　　　　　　　　　　　(cm)

放码点	位移方向	公　式	备　注
A	L M S	Y：0 X：0.5(△CW/2)	△CW=1cm
B	L M S	Y：0 X：0.5(△CW/2)	
C	S M L	Y：0 X：0.5(△CW/2)	
D	S M L	Y：0 X：0.5(△CW/2)	

注意：

对袖克夫宽度不进行放码。

前领贴边推档图（图 6-68）：

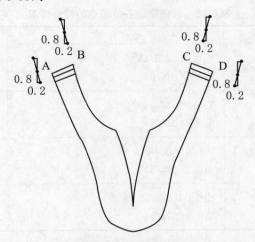

图 6-68　前领贴边推档图

前领贴边各放码点的位移情况（表 6-35）：

表 6-35　前领贴边各放码点的位移情况　　　　　　　　　　　　　　（cm）

放码点	位移方向	公　式	备　　注
A	L\M\S	$Y: 0.8(0.7+\Delta N/15+\Delta B/80)$ $X: 0.2(\Delta N/5)$	$\Delta N/15+\Delta B/80=0.1$
B	L\M\S	$Y: 0.8(0.7+\Delta N/15+\Delta B/80)$ $X: 0.2(\Delta N/5)$	
C	M\L\S	$Y: 0.8(0.7+\Delta N/15+\Delta B/80)$ $X: 0.2(\Delta N/5)$	
D	M\L\S	$Y: 0.8(0.7+\Delta N/15+\Delta B/80)$ $X: 0.2(\Delta N/5)$	

后领贴边推档图（图 6-69）：

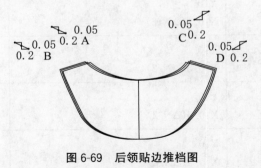

图 6-69　后领贴边推档图

后领贴边各放码点的位移情况（表 6-36）：

表 6-36　后领贴边各放码点的位移情况　　　　　　　　　　　　（cm）

放码点	位移方向	公　式	备　　注
A	L M S	$Y:0.05(\Delta N/15)$ $X:0.2(\Delta N/5)$	$\Delta N/15=0.05$
B	L M S	$Y:0.05(\Delta N/15)$ $X:0.2(\Delta N/5)$	
C	M S L	$Y:0.05(\Delta N/15)$ $X:0.2(\Delta N/5)$	
D	M S L	$Y:0.05(\Delta N/15)$ $X:0.2(\Delta N/5)$	

领面、里推档图（图 6-70）：

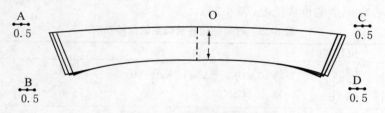

图 6-70　领面、里推档图

领面、里各放码点的位移情况（表 6-37）：

表 6-37　领面、里各放码点的位移情况　　　　　　　　　　　　（cm）

放码点	位移方向	公　式	备　　注
O		$Y:0$ $X:0$	坐标原点
A	L M S	$Y:0$ $X:0.5(\Delta N/2)$	$\Delta N=1$
B	L M S	$Y:0$ $X:0.5(\Delta N/2)$	
C	S M L	$Y:0$ $X:0.5(\Delta N/2)$	
D	S M L	$Y:0$ $X:0.5(\Delta N/2)$	

领座推档图（图 6-71）：

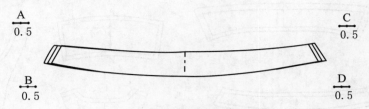

图 6-71　领座推档图

领座各放码点的位移情况（表 6-38）：

表 6-38　领座各放码点的位移情况　　　　　　　　（cm）

放码点	位移方向	公　式	备　注
A	L̄ M̄ S̄	Y：0 X：0.5(ΔN/2)	ΔN=1
B	L̄ M̄ S̄	Y：0 X：0.5(ΔN/2)	
C	S̄ M̄ L̄	Y：0 X：0.5(ΔN/2)	
D	S̄ M̄ L̄	Y：0 X：0.5(ΔN/2)	

六、裁剪样板和工艺样板

（一）裁剪样板

面子样板（图 6-72）：

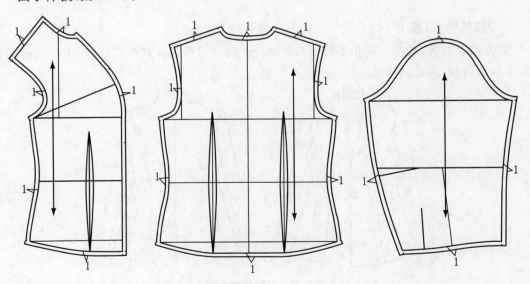

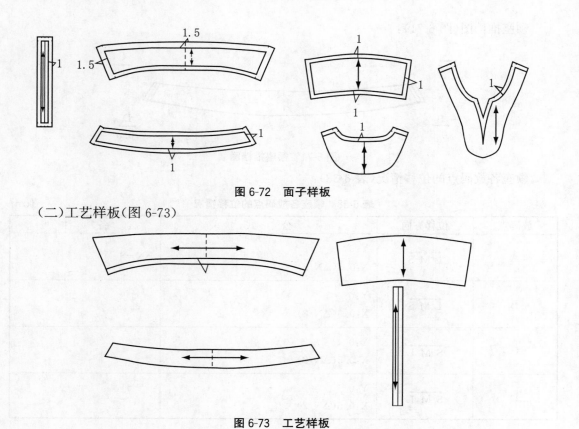

图 6-72　面子样板

（二）工艺样板（图 6-73）

图 6-73　工艺样板

第七节　女时装

一、款式特点(图 6-74)

　　四开身女时装,单排三粒扣平驳角西装领,前、后片刀背缝分割收省,后片中心线分割收腰,单嵌线口袋,两片式西装袖。

图 6-74　女时装款式图

二、规格设计

衣长：$L=0.4G-1=63$（cm）；

胸围：$B=B^*+2$（内衣厚度）$+10$（较贴体风格）$=96$（cm）；

腰围：$W=B-16=80$（cm）；

臀围：$H=B+4=100$（cm）；

袖长：$SL=0.3G+7+1.5$（垫肩厚）$=56.5$（cm）；

领围：$N=0.25(B^*+2)+18.5=40$（cm）；

肩宽：$S=0.3B+11.2=40$（cm）。

三、成品规格尺寸及推板档差（表6-39）

表6-39　成品规格尺寸及推板档差

（cm）

部位	155/80A(S)	160/84A(M)	165/88A(L)	档差
衣长(L)	61	63	65	2
胸围(B)	92	96	100	4
腰围(W)	76	80	84	4
臀围(H)	96	100	104	4
袖长(SL)	55	56.5	58	1.5
领围(N)	39	40	41	1
肩宽(S)	38.8	40	41.2	1.2

四、结构制图

第一步（图6-75）：绘制后背中心线、衣长线、胸围线、腰围线、臀围线、前中心线、上衣基本线、摆缝线、后领深线、后领宽线、胸宽线、背宽线。

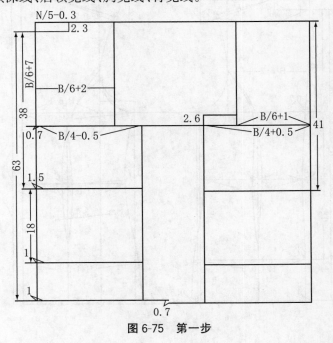

图6-75　第一步

147

第二步(图 6-76):绘制前横开领宽线、前后肩斜线,确定后肩点和前肩点,绘制后背缝位置,再确定前后腰围大小、前后臀围大小和刀背缝位置。

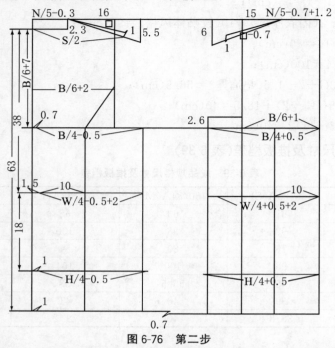

图 6-76　第二步

第三步(图 6-77):绘制后领弧线、后背缝线、前后袖窿弧线、侧缝线、刀背缝、下摆线、前门襟、袋位、扣位等。

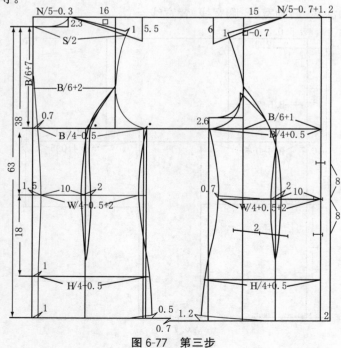

图 6-77　第三步

第四步(图 6-78):绘制领子,加深净缝轮廓线。

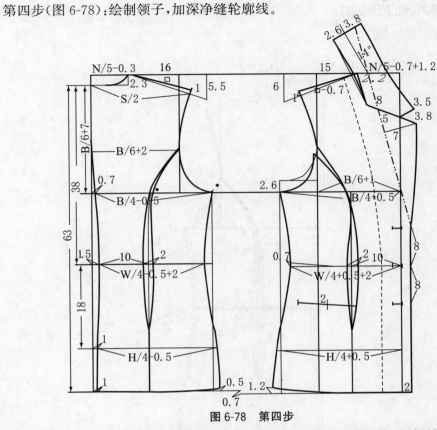

图 6-78　第四步

第五步(图 6-79):绘制袖子基本线、袖长线、前偏袖线、后偏袖线、根据袖窿弧长确定袖山深度、袖肘线、袖口线、前后袖山弧线等。

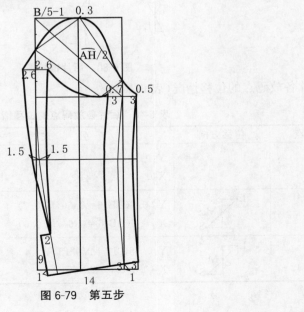

图 6-79　第五步

五、样板推档图(放码图)

后片推档图(图 6-80):

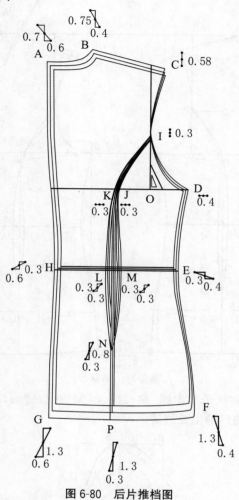

图 6-80 后片推档图

后片各放码点的位移情况(表 6-40):

表 6-40 后片各放码点的位移情况 (cm)

放码点	位移方向	公 式	备 注
O		Y:0 X:0	坐标原点
A		Y:0.7(ΔB/6＝0.66,取 0.7) X:0.6(ΔB/6＝0.66,取 0.6)	ΔB＝4cm 0.6 后背宽档差
B		Y:0.75(0.7+ΔN/15) X:0.4(0.6－ΔN/5)	ΔN/15≈0.05

续表

放码点	位移方向	公 式	备 注
C	L M S (纵向)	Y：0.58(与 BC 平行) X：0(肩冲不变)	保"型"
D	S M L	Y：0(纵向不变) X：0.4(ΔB/4−0.6)	
E	S M L	Y：0.3(ΔBAL−0.7) X：0.4(ΔW/4−0.6)	ΔBAL=1 ΔW=4
F	S M L	Y：1.3(ΔL−0.7) X：0.4(ΔW/4−0.6)	ΔL=2
G	M S	Y：1.3(同点 F) X：0.6(同 A 点)	
H	M S L	Y：0.3(同点 E) X：0.6(同 A 点)	
I	L M S	Y：0.3 X：0	
J	L M S	Y：0 X：0.3(0.6/2)	
K	L M S	Y：0 X：0.3(0.6/2)	
L	M S L	Y：0.3(同点 E) X：0.3(0.6/2)	
M	M S L	Y：0.3(同点 E) X：0.3(0.6/2)	
N	M S L	Y：0.8(0.3+0.1ΔG) X：=0.3(0.6/2)	
P	M S L	Y：1.3(同点 F) X：0.3(同点 N)	

后片分割 1 推档图（图 6-81）：

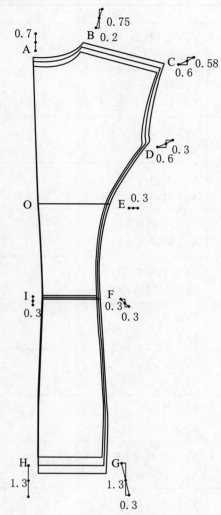

图 6-81　后片分割 1 推档图

后片分割 1 各放码点的位移情况（表 6-41）：

表 6-41　后片分割 1 各放码点的位移情况　　　　　　　　　　　　(cm)

放码点	位移方向	公　式	备　注
O		Y：0 X：0	坐标原点
A	L M S	Y：0.7（ΔB/6＝0.66，取 0.7） X：0	
B	L M S	Y：0.75（0.7＋ΔN/15） X：0.2（ΔN/5）	

续表

放码点	位移方向	公　式	备　注
C	L M S	Y:0.58(与BC平行) X:0.6(ΔS/2)	保"型"
D	L M S	Y:0.3 X:0.6(ΔB/6=0.66,取0.6)	
E	S M L	Y:0 X:0.3(ΔB/12)	
F	S M L	Y:0.3(ΔBAL−0.7) X:0.3(同点E)	ΔBAL=1
G	S M L	Y:1.3(ΔL−ΔB/6) X:0.3(同点E)	ΔL=2
H	S M L	Y:1.3(ΔL−ΔB/6) X:0	
I	S M L	Y:0.3(ΔBAL−ΔB/6) X:0	

后片分割2推档图(图6-82):

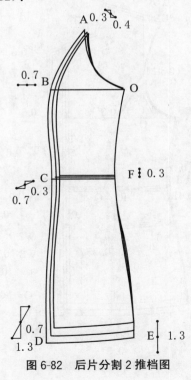

图6-82　后片分割2推档图

153

后片分割 2 各放码点的位移情况（表 6-42）：

表 6-42　分割 2 后片各放码点的位移情况 (cm)

放码点	位移方向	公　式	备　注
O		Y：0 X：0	坐标原点
A		Y：0.3 X：0.4($\Delta B/4-0.6$)	
B		Y：0 X：0.7($\Delta B/4-0.3$)	
C		Y：0.3(0.6/2) X：0.7($\Delta B/4-0.3$)	
D		Y：1.3($\Delta L-0.7$) X：0.7(同点 C)	
E		Y：1.3($\Delta L-0.7$) X：0	
F		Y：0.3(同点 C) X：0	

前片推档图（图 6-83）：

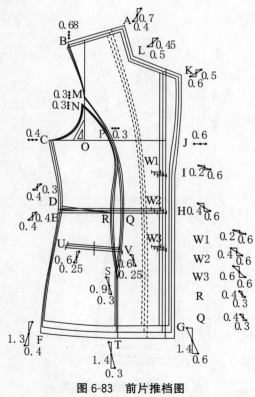

图 6-83　前片推档图

前片各放码点的位移情况（表 6-43）：

表 6-43　前片各放码点的位移情况　　　　　　　　　　　　　　　（cm）

放码点	位移方向	公　式	备　注
O		Y:0 X:0	坐标原点
A	L M S	Y:0.7(ΔB/6=0.66,取0.7) X:0.4(0.6−ΔN/5)	ΔB=4
B	L M S	Y:0.68(与 BC 平行) X:0(肩冲不变)	保"型"
C	L M S	Y:0 X:0.4(ΔB/4−0.6)	
D	S M L	Y:0.3(同后片点 E) X:0.4(同点 C)	
E	S M L	Y:0.4(ΔWLL−0.7) X:0.4(ΔB/4−0.6)	ΔWLL＝ΔBAL＋0.1＝1.1
F	S M L	Y:1.3 X:0.4(同点 C)	
G	S M L	Y:1.4(Δ前衣长−0.7) X:0.6(ΔB/6)	Δ前衣长＝ΔL＋0.1＝2.1
H	S M L	Y:0.4(ΔWLL −0.7) X:0.6(ΔB/6)	
I	S M L	Y:0.2(0.4/2) X:0.6(ΔB/6)	与驳口点和第一粒扣变化有关
J	S M L	Y:0 X:0.6(ΔB/6)	
K	M L S	Y:0.5(0.7−ΔN/5) X:0.6(ΔB/6)	
L	M L S	Y:0.45(与 LK 平行) X:0.5(与 AL 平行)	保"型"
M	L M S	Y:0.3 X:0	
N	L M S	Y:0.3 X:0	

续表

放码点	位移方向	公　式	备　注
P	S　M　L	Y：0 X：0.3(ΔB/12)	
Q		Y：0.4 X：0.3(ΔB/12)	
R		Y：0.4 X：0.3(ΔB/12)	
S		Y：0.9(0.4+0.1G) X：0.3(ΔB/12)	
T		Y：1.4(Δ前衣长−0.7) X：0.3(ΔB/12)	Δ前衣长指前衣长的档差(2.1)
U		Y：0.6(同第三粒扣) X：0.25	口袋的档差为0.5
V		Y：0.6(同第三粒扣) X：0.25	
W1		Y：0.2 X：0.6(ΔB/6)	
W2		Y：0.4 X：0.6(ΔB/6)	
W3		Y：0.6 X：0.6	

注意：

①驳口点的变化由翻折线和前胸宽线这两者变量的交点而得到的。

②第一粒纽位与驳口点的变化有关(W：根据前两粒扣间距档差为0.2cm，确定后两粒扣间距档差同样为0.2cm)。

挂面推档图(图 6-84):

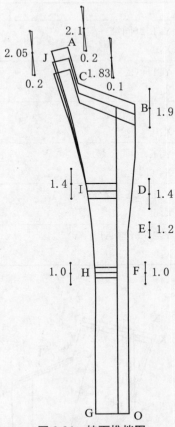

图 6-84 挂面推档图

挂面各放码点的位移情况(表 6-44):

表 6-44 挂面各放码点的位移情况   (cm)

放码点	位移方向	公　式	备　注
O		Y:0 X:0	坐标原点
A	L M S	Y:2.1 X:0.2	△前衣长＝△L＋0.1＝2.1
B	L M S	Y:1.9(2.1−△N/5) X:0	
C	L M S	Y:1.83(与 BC 平行) X:0.1(与 AC 平行)	保"型"
D	L M S	Y:1.4(△前衣长−△B/6) X:0	

放码点	位移方向	公　式	备　注
E	L M S	Y：1.2（同第一粒扣） X：0	
F	L M S	Y：1.0（2.1−1.1） X：0	$\Delta WLL = \Delta BAL + 0.1 = 1.1$
G		Y：0 X：0	
H	L M S	Y：1.0（同F点） X：0	
I	L M S	Y：1.4（Δ前衣长−0.7） X：0	
J	L M S	Y：2.05（与AJ平行） X：0.2	保"型"

前片分割 1 推档图（图 6-85）：

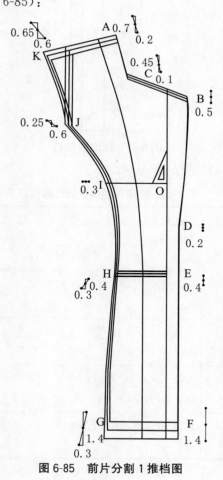

图 6-85　前片分割 1 推档图

前片分割 1 各放码点的位移情况（表 6-45）：

表 6-45　前片分割 1 各放码点的位移情况　　　　　　　　　　（cm）

放码点	位移方向	公　式	备　注
O		Y：0 X：0	坐标原点
A		Y：0.7（ΔB/6＝0.66，取 0.7） X：0.2（ΔN/5）	
B		Y：0.5（0.7－ΔN/5） X：0	
C		Y：0.45（与 BC 平行） X：0.1（与 AC 平行）	
D		Y：0.2 X：0	
E		Y：0.4（ΔWLL－0.7） X：0	ΔWLL＝1.1
F		Y：1.4（Δ 前衣长－0.7） X：0	Δ 前衣长＝2.1
G		Y：1.4（Δ 前衣长－0.7） X：0.3（0.6/2）	
H		Y：0.4（ΔWLL－0.7） X：0.3（0.6/2）	
I		Y：0 X：0.3（ΔB/12）	
J		Y：0.25 X：0.6（ΔB/6＝0.66，取 0.6）	
K		Y：0.65（与 AK 平行） X：0.6（ΔS/2）	Δ S＝1.2cm 肩冲保持不变

前片分割 2 推档图（图 6-86）：

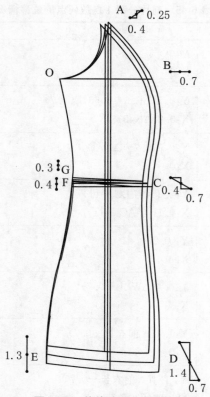

图 6-86　前片分割 2 推档图

前片分割 2 各放码点的位移情况（表 6-46）：

表 6-46　前片分割 2 各放码点的位移情况　　　　　　　　　　　　　　　　　　　　　　　　　（cm）

放码点	位移方向	公　　式	备　　注
O		Y：0 X：0	坐标原点
A		Y：0.25 X：0.4(ΔB/4−0.6)	
B		Y：0 X：0.7(ΔB/4−0.3)	
C		Y：0.4(ΔWLL−0.7) X：0.7(ΔW/4−0.3)	
D		Y：1.4(Δ前衣长−0.7) X：0.7	

续表

放码点	位移方向	公　式	备　注
E	S M L	Y：1.3 X：0	
F	S M L	Y：0.4(ΔWLL−0.7) X：0	ΔWLL=1.1
G	S M L	Y：0.3(ΔBAL−0.7) X：0	ΔBAL=1

大袖片推档图（图 6-87）：

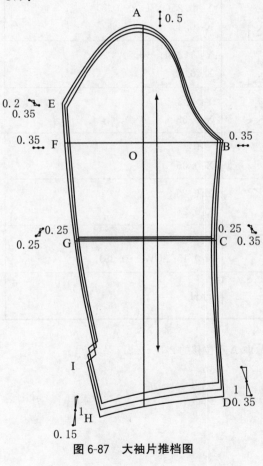

图 6-87　大袖片推档图

161

大袖片各放码点的位移情况(表6-47):

表6-47　大袖片各放码点的位移情况　　　　　　　　　　　(cm)

放码点	位移方向	公　式	备　注
O		Y:0 X:0	坐标原点
A		Y:0.5 X:0	
B		Y:0 X:0.35(ΔB/5−0.1)/2	与袖子归缩量有关
C		Y:0.25(ΔSL/2−0.5) X:0.35	
D		Y:1(ΔSL−0.5) X:0.35	ΔSL=1.5
E		Y:0.2 X:0.35	
F		Y:0 X:0.35	
G		Y:0.25 X:0.25	保"型"
H		Y:1(ΔSL−0.5) X:0.15(ΔCW−0.35)	ΔCW=0.5cm
I		同 H	保"型",保"量"

注意:

E 点约位于 AO 的 2/5 处,故取 A 点位移的 2/5=0.2。

小袖片推档图（图 6-88）：

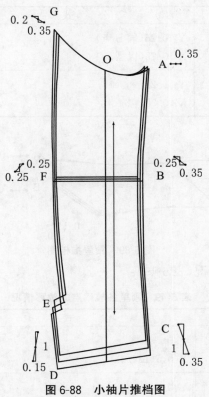

图 6-88　小袖片推档图

小袖片各放码点的位移情况（表 6-48）：

表 6-48 小袖片各放码点的位移情况　　　　　　　　　　　　（cm）

放码点	位移方向	公　式	备　注
O		Y：0 X：0	坐标原点
A	S M L	Y：0 X：0.35	与大袖点 B 同步
B	S M L	Y：0.25（ΔSL/2−0.5） X：0.35	与大袖点 C 同步
C	S M L	Y：1（ΔSL −0.5） X：0.35	与大袖点 D 同步
D	S M L	Y：1（ΔSL −0.5） X：0.15（ΔCW −0.35）	与大袖点 H 同步
E	S M L	同 D	保"型"，保"量"

163

放码点	位移方向	公　式	备　注
F		Y：0.25（同 B 点） X：0.25（保型）	与大袖点 G 同步
G		Y：0.2 X：0.35	与大袖点 E 同步

领里推档图（图 6-89）：

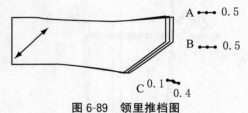

A ●—● 0.5

B ●—● 0.5

C 0.1 ●—● 0.4

图 6-89　领里推档图

领里各放码点的位移情况（表 6-49）：

表 6-49　领里各放码点的位移情况　　　　　　　　　　　　　　　　　　　（cm）

放码点	位移方向	公　式	备　注
A	S M L	Y：0 X：0.5（ΔN/2）	
B	S M L	Y：0 X：0.5（ΔN/2）	
C		Y：0.1 X：0.4	

注意：

C：确定 X 方向位移后作领底斜线的平行线。

领面推档图（图 6-90）：

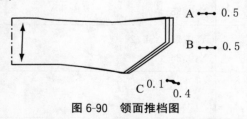

A ●—● 0.5

B ●—● 0.5

C 0.1 ●—● 0.4

图 6-90　领面推档图

领面各放码点的位移情况（表 6-50）：

表 6-50　领面各放码点的位移情况　　　　　　　　　　　　　　　　（cm）

放码点	位移方向	公　式	备　注
A	S̄ M L	Y：0 X：0.5($\Delta N/2$)	
B	S̄ M L	Y：0 X：0.5($\Delta N/2$)	
C	S M L	Y：0.1 X：0.4	

袋垫布推档图（图 6-91）：

嵌线布推档图（图 6-92）：

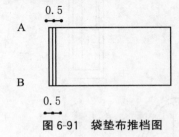

图 6-91　袋垫布推档图

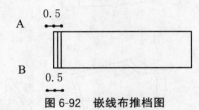

图 6-92　嵌线布推档图

袋垫布各放码点的位移情况（表 6-51）：

表 6-51　前片各放码点的位移情况　　　　　　　　　　　　　　　　（cm）

放码点	位移方向	公　式	备　注
A	L̄ M S	Y：0 X：0.5	袋口档差＝0.5cm
B	L̄ M S	Y：0 X：0.5	

嵌线布各放码点的位移情况（表 6-52）：

表 6-52　嵌线布各放码点的位移情况　　　　　　　　　　　　　　　（cm）

放码点	位移方向	公　式	备　注
A	L̄ M S	Y：0 X：0.5	
B	L̄ M S	Y：0 X：0.5	

六、裁剪样板和工艺样板

（一）裁剪样板

面子样板（图 6-93）：

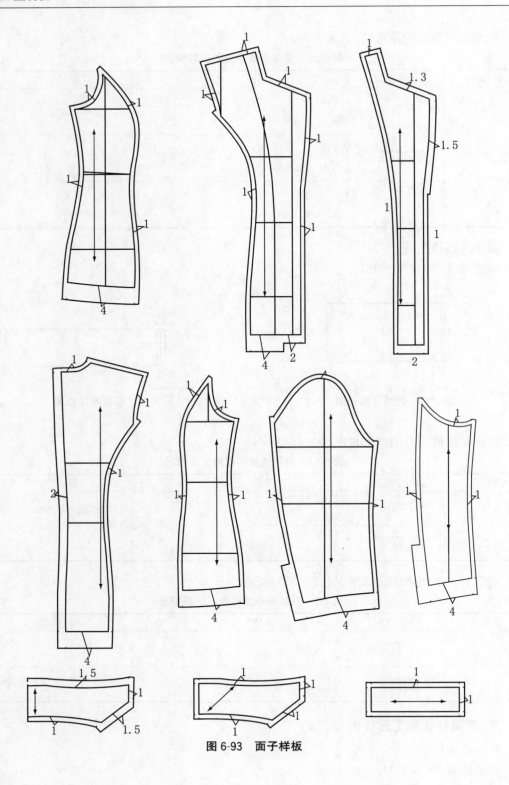

图 6-93 面子样板

里子样板(图 6-94):

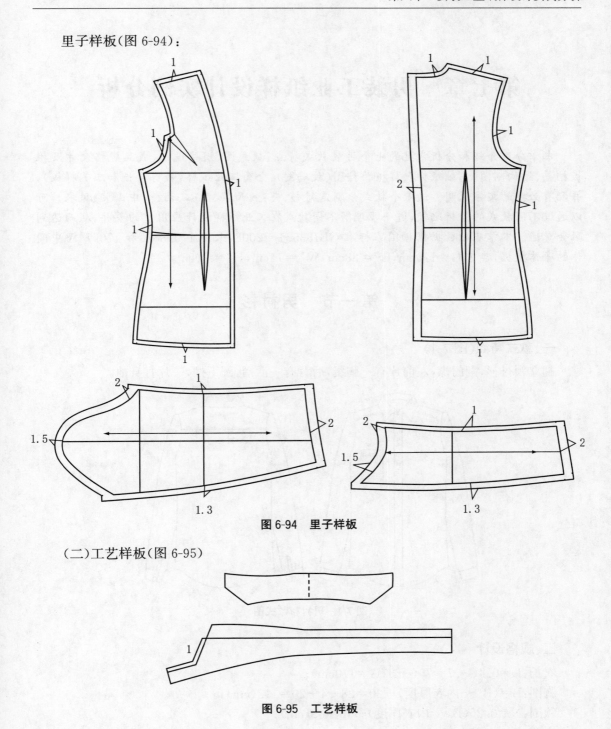

图 6-94 里子样板

(二)工艺样板(图 6-95)

图 6-95 工艺样板

第七章 男装工业纸样设计实例分析

本章分别介绍和分析常见的七个男装款式特点、款式图、规格设计、成品规格尺寸及推板档差、结构制图(基础纸样)、样板推档图(放码图)、全套工业纸样(裁剪样板和工艺样板),并配有必要的文字说明。这七个款式分别是衬衫、夹克、西装、背心、西裤、中山装、风衣。可以通过不同款式的分析比较,进一步理解不同款式在工业纸样设计应用中的差异,从而达到融会贯通。本章基础数据根据国家标准 GB1335.1—2008,采用 170/88A 和 170/74A 中间体的净体数据,其中 $G=170cm$,$B^*=88cm$,$W^*=74cm$,$H^*=90cm$。

第一节 男衬衫

一、款式特点(图 7-1)

翻立领衬衫,翻门襟,左前片有一胸袋,后背有一活褶,圆下摆,一片直身袖。

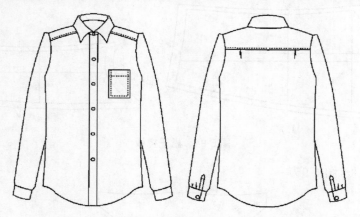

图 7-1 男衬衫款式图

二、规格设计

衣长:$L=0.4G+7=75(cm)(G=170cm)$;

胸围:$B=(B^*+内衣厚度)+20=88+4+20=112(cm)$;

领围:$N=0.25(B^*+内衣厚度)+16=39(cm)$;

肩宽:$S=0.3B+12.4=46(cm)$;

背长:$BAL=0.25G=42.5(cm)$;

袖长:$SL=0.3G+8=59(cm)$;

袖口:$CW=0.1(B^*+内衣厚度)+2.8=12(cm)(12×2=24)$。

三、成品规格尺寸及推板档差(表7-1)

表7-1 成品规格尺寸及推板档差 (cm)

部位	165/84A(S)	170/88A(M)	175/92A(L)	档差
衣长(L)	73	75	77	2
胸围(B)	108	112	116	4
领围(N)	38	39	40	1
肩宽(S)	44.8	46	47.2	1.2
背长(BAL)	41.5	42.5	43.5	1
袖长(SL)	57.5	59	60.5	1.5
袖口(CW)	23	24	25	1

四、结构制图

第一步(图7-2):绘制基准线,上、下水平线,袖窿深线,腰节线;绘制前胸宽线、后背宽线;前后横开领、直开领。

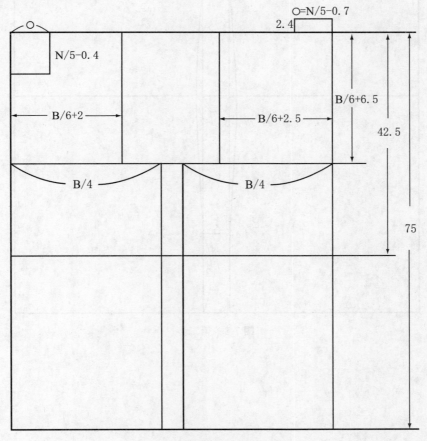

图7-2 第一步

第二步(图7-3):绘制前后肩斜线,确定肩点,绘制袖窿弧线、前后领圈以及侧缝线,确定底边形状。

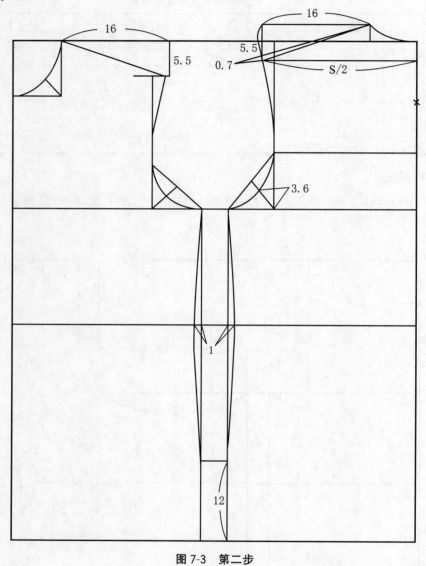

图7-3 第二步

第三步（图 7-4）：绘制前后肩育克分割尺寸、后背活裥尺寸，再绘制前胸口袋、纽眼位置、圆下摆。

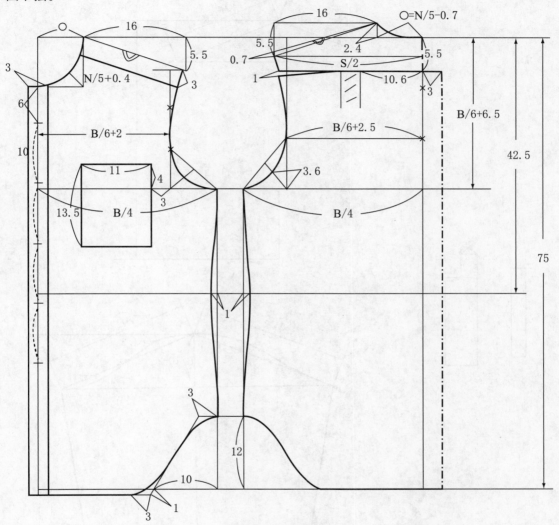

图 7-4　第三步

第四步（图 7-5）：绘制翻领和领座基准线，确定领子净缝轮廓线。

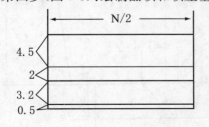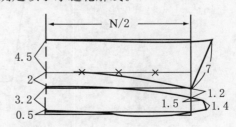

图 7-5　第四步

第五步(图 7-6):绘制衣袖基准线、袖山头弧线,确定袖裥大小,绘制袖克夫等。

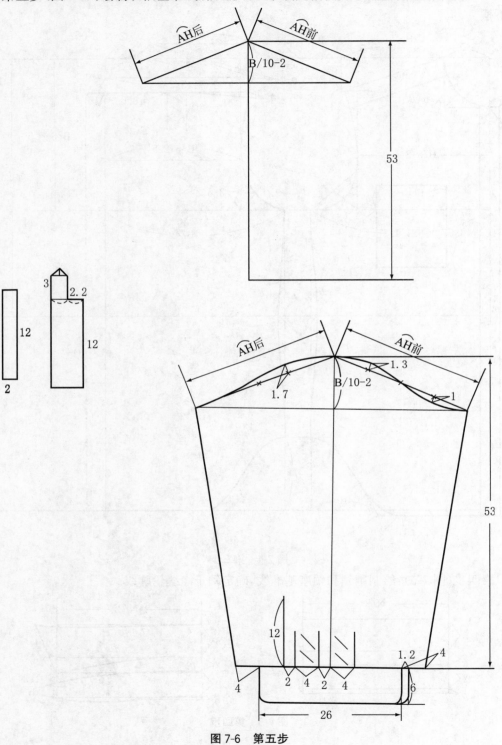

图 7-6　第五步

五、样板推档图(放码图)

前片推档图(图 7-7):

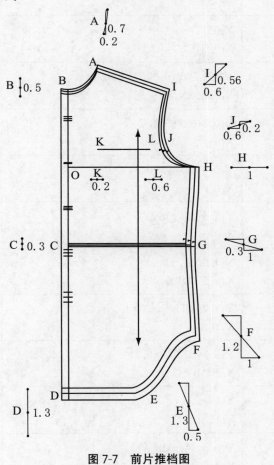

图 7-7　前片推档图

前片各放码点的位移情况(表 7-2):

表 7-2　前片各放码点的位移情况　　　　　　　　　　　　　　　　　(cm)

放码点	位移方向	公　式	备　注
O		Y:0 X:0	坐标原点
A		Y:0.7(ΔB/6＝0.66 取 0.7) X:0.2(ΔN/5)	ΔB＝4 ΔN＝1
B		Y:0.5(0.7－ΔN/5) X:0	0.7 是胸围线档差
C		Y:0.3(ΔBAL－0.7) X:0	ΔBAL＝1
D		Y:1.3(ΔL－0.7) X:0	ΔL＝2
E		Y:1.3(ΔL－0.7) X:0.5 (1/2)	1 是前胸围的变量
F		Y:1.2(ΔTL－0.7＝1.3 取 1.2) X:1(ΔB /4)	保持底摆造型
G		Y:0.3(ΔBAL－0.7) X:1(ΔB /4)	
H		Y:0 X:1(ΔB /4)	
I		Y:0.56(与 AI 平行) X:0.6(ΔS/2)	保"型" ΔS＝1.2
J		Y:0.2 X:0.6(ΔB/6)	保持袖窿造型 前胸宽档差取 0.6
K		Y:0 X:0.2(0.6 －ΔB/10)	ΔB/10 小口袋档差
L		Y:0 X:0.6(ΔB/6)	与 J 同步

后片推档图(图7-8)：

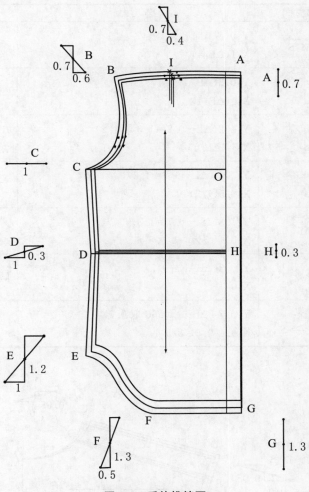

图7-8　后片推档图

后片各放码点的位移情况(表7-3)：

表7-3　后片各放码点的位移情况　　　　　　　　　　　　　　　　(cm)

放码点	位移方向	公　　式	备　　注
O		Y：0 X：0	原点
A	L M S	Y：0.7（ΔB/6＝0.66 取 0.7） X：0	ΔB＝4
B	L M S	Y：0.7（ΔB/6＝0.66 取 0.7） X：0.6(ΔB/6)	0.6 是后背宽的档差

放码点	位移方向	公 式	备 注
C	L M S	Y:0(纵向不变) X:1(ΔB/4)	
D	M S L	Y:0.3(ΔBAL−0.7) X:1(ΔB/4)	ΔBAL=1
E	M S L	Y:1.2(ΔL−0.7=1.3 取 1.2) X:1(ΔB/4)	ΔL=2 保"型"
F	M S L	Y:1.3(ΔL−0.7=1.3) X:0.5(1/2)	1是后胸围的变量
G	S M L	Y:1.3(ΔL−0.7=1.3) X:0	
H	S M L	Y:0.3(ΔBAL−0.7) X:0	同D
I	L M S	Y:0.7(ΔB/6=0.66 取 0.7) X:0.4(0.6×2/3)	0.6是后背宽的变量

肩育克推档图(图 7-9):

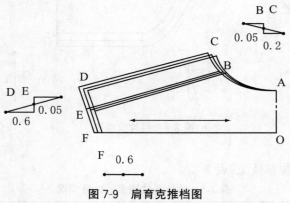

图 7-9　肩育克推档图

肩育克各放码点的位移情况(表 7-4):

表 7-4　肩育克各放码点的位移情况 　　　　　　　　　　　　　　(cm)

放码点	位移方向	公 式	备 注
O		Y:0 X:0	原点
A		Y:0 X:0	

放码点	位移方向	公　式	备　注
B	L M S	Y：0.05（1/3×ΔN/5） X：0.2（ΔN/5）	ΔN＝1 ΔN/15≈0.05
C	L M S	Y：0.05（1/3×ΔN/5） X：0.2（ΔN/5）	同 B 点
D	S M L	Y：0.05（与 CD 平行） X：0.6（ΔS/2）	保"型" ΔS＝1.2
E	S M L	Y：0.05（与 CD 平行） X：0.6（ΔS/2）	保"型"
F	L M S	Y：0（纵向不变） X：0.6 保型	与后背宽变化有关

袖子推档图（图 7-10）：

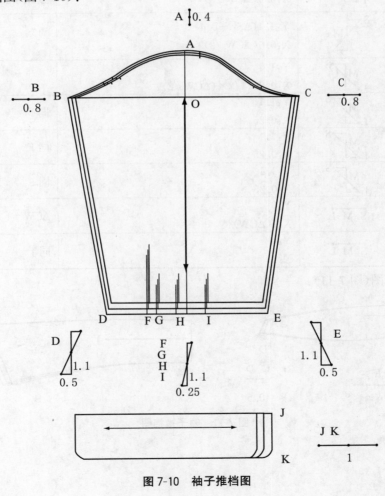

图 7-10　袖子推档图

177

袖子各放码点的位移情况(表 7-5):

表 7-5　袖子各放码点的位移情况　　　　　　　　　　　　　　　　　(cm)

放码点	位移方向	公　式	备　注
O		Y:0 X:0	原点
A	L M S	Y:0.4(ΔB/10) X:0	ΔB=4
B	L M S	Y:0 X:0.8(ΔB/5)	
C	S M L	Y:0 X:0.8(ΔB/5)	
D	S M L	Y:1.1(ΔSL−0.4) X:0.5(ΔCW/2)	0.4 是袖山深档差 ΔCW=1
E	S M L	Y:1.1(ΔSL−0.4) X:0.5(ΔCW/2)	
F	S M L	Y:1.1 X:0.25(1/2×(ΔCW/2))	
G	S M L	Y:1.1 X:0.25	同 F
H	S M L	Y:1.1 X:0.25	同 F
I	S M L	Y:1.1 X:0.25	同 F
J	S M L	Y:0 X:1(ΔCW)	ΔCW=1
K	S M L	Y:0 X:1	同 J

领子推档图(图 7-11):

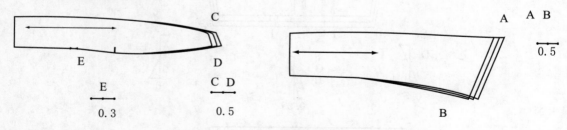

图 7-11　领子推档图

178

领子各放码点的位移情况(表 7-6):

表 7-6　领子各放码点的位移情况　　　　　　　　　　　　　　　(cm)

放码点	位移方向	公　式	备　注
A	S　M　L	Y:0 X:0.5(ΔN/2)	ΔN=1
B	S　M　L	Y:0 X:0.5(ΔN/2)	
C	S　M　L	Y:0 X:0.5(ΔN/2)	
D	S　M　L	Y:0 X:0.5(ΔN/2)	
E	S　M　L	Y:0 X:0.3	与后领弧的变量有关

口袋推档图(图 7-12):

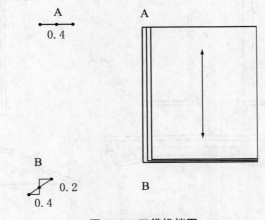

图 7-12　口袋推档图

口袋各放码点的位移情况(表 7-7):

表 7-7　口袋各放码点的位移情况　　　　　　　　　　　　　　(cm)

放码点	位移方向	公　式	备　注
A	L　M　S	Y:0 X:0.4(ΔB/10 口袋档差)	
B	M　S　L	Y:0.2 X:0.4	口袋长度的变量

注意:

①对于肩线部位要注意平行性;对于袖窿及底摆部位要注意保型。

②扣位放码量的确定:首粒扣随着领圈处 A 点的放码尺寸(0.5cm)确定,首粒扣与末粒扣之间的档差为 1.6cm,这五粒扣中的每相邻的两粒扣之间的档差为 0.4(cm)=1.6/4。所以第二粒扣的放码量应取 0.5−0.4=0.1(cm)(L 号向上),第三粒扣为 0.4−0.1=0.3(cm)(L 号向下),第四粒扣的位移为 0.7cm(L 号向下),第五粒扣的位移为 1.1cm(L 号向下)。

六、裁剪样板和工艺样板

（一）裁剪样板

面子样板（图 7-13）：

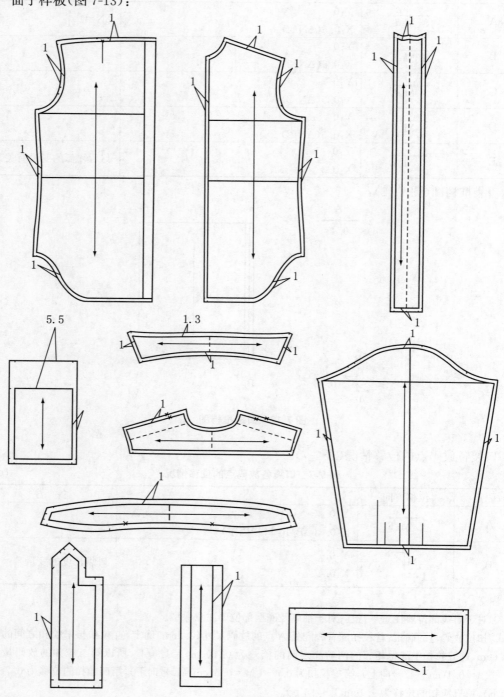

图 7-13　面子样板

（二）工艺样板（图 7-14）

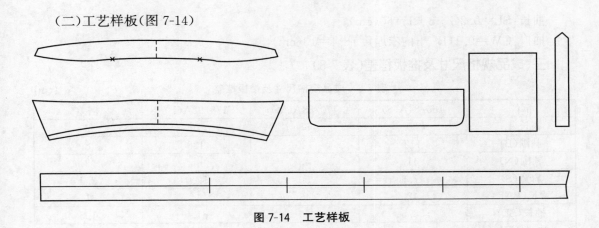

图 7-14　工艺样板

第二节　男夹克

一、款式特点（图 7-15）

翻折领宽松式夹克，前后片分割，大小袖片，下摆两边部分装橡筋。

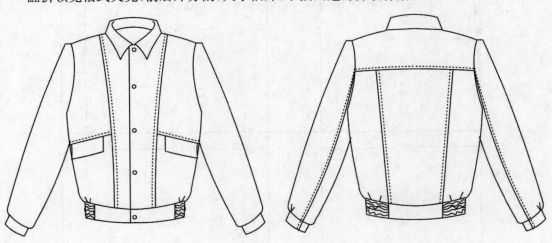

图 7-15　男夹克款式图

二、规格设计

衣长：$L=0.4G=68(cm)$（$G=170cm$）；

胸围：$B=(B^*+内衣厚度)+28=88+4+28=120(cm)$；

领围：$N=0.25(B^*+内衣厚度)+20=43(cm)$；

肩宽：$S=0.3B+14=50(cm)$；

背长：$BAL=0.25G+0.5=43(cm)$；

181

袖长：SL＝0.3G＋8＋1＝60（cm）；

袖口：CW＝0.1（B*＋内衣厚度）＋4＝13（cm）。

三、成品规格尺寸及推板档差（表7-8）

表7-8　成品规格尺寸及推板档差　　　　　　　　　　　　　　（cm）

部位	165/84A(S)	170/88A(M)	175/92A(L)	档差
衣长(L)	66	68	70	2
胸围(B)	112	120	128	8
领围(N)	41	43	45	2
肩宽(S)	47.6	50	52.4	2.4
背长(BAL)	42	43	44	1
袖长(SL)	58.5	60	61.5	1.5
袖口(CW)	24	26	28	2

四、结构制图

第一步（图7-16）：绘制上、下水平线，袖窿深线；再绘制撇胸，前后横开领、直开领。

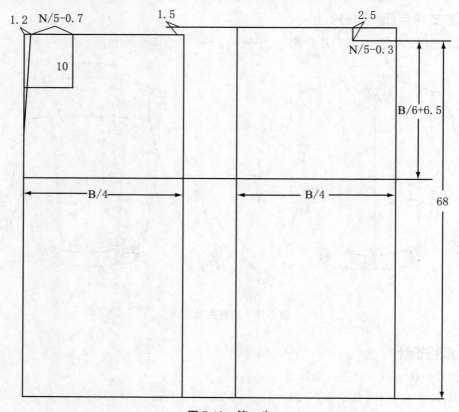

图7-16　第一步

第二步(图 7-17)：绘制前后肩斜线，确定肩点、前胸宽线、后背宽线、前后袖窿弧线、后片分割线、前后领圈以及侧缝线等。

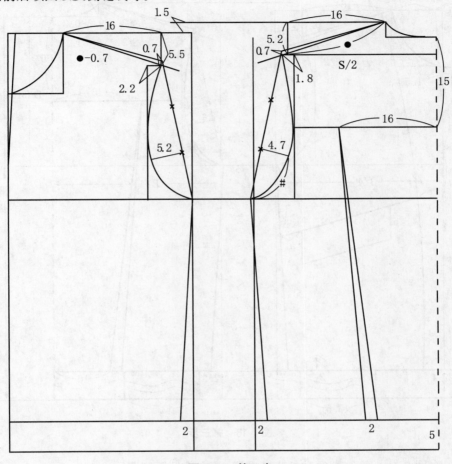

图 7-17　第二步

第三步(图 7-18):绘制前片分割、口袋、纽眼位置、下摆等,确定净缝轮廓线。

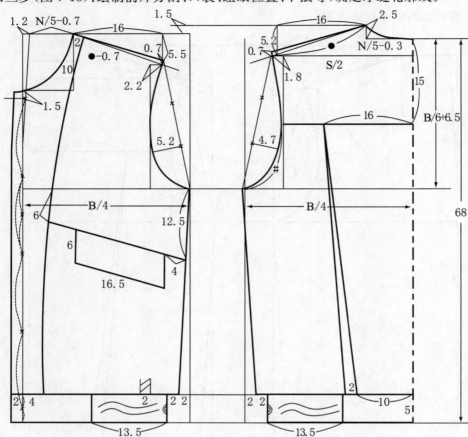

图 7-18　第三步

第四步(图 7-19):绘制翻领和领座基准线,并完成领子制图。

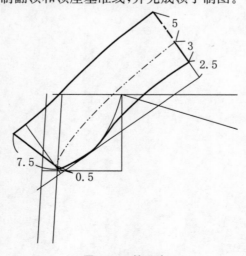

图 7-19　第四步

　　第五步(图 7-20)：图(a)绘制衣袖基准线、图(b) 绘制袖山头弧线,确定大小袖分割线、袖襕大小,绘制袖克夫,并加深净样轮廓线。

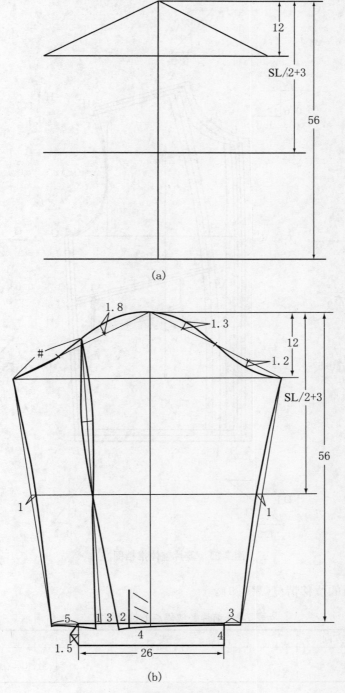

(a)

(b)

图 7-20　第五步

五、样板推档图（放码图）

前片整体推档图（图7-21）：

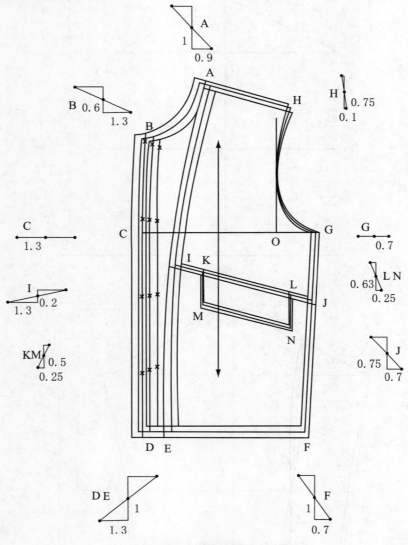

图7-21 前片整体推档图

前片各放码点的位移情况（表7-9）：

表7-9 前片各放码点的位移情况 (cm)

放码点	位移方向	公　式	备　注
O		Y:0 X:0	坐标原点

放码点	位移方向	公　式	备　注
A	L M S	$Y:1(\Delta B/6=1.3\ 取\ 1)$ $X:0.9(\Delta B/6-\Delta N/5)$	$\Delta B=8、\Delta G=5$ $\Delta N=2$
B	L M S	$Y:0.6(1-\Delta N/5)$ $X:1.3(\Delta B/6)$	1 是胸围线档差 1.3 是前胸宽变量
C	L M S	$Y:0$ $X:1.3(\Delta B/6)$	
D	M S L	$Y:1(\Delta TL-1)$ $X:1.3(\Delta B/6)$	$\Delta TL=2$
E	M S L	$Y:1(\Delta TL-1)$ $X:1.3(\Delta B/6)$	
F	S M L	$Y:1(\Delta TL-1)$ $X:0.7(\Delta B/4-\Delta B/6)$	
G	S M L	$Y:0$ $X:0.7(\Delta B/4-\Delta B/6)$	
H	L M S	$Y:0.75（与\ AH\ 平行）$ $X:0.1(\Delta B/6-\Delta S/2)$	保"型" $\Delta S=2.4$
I	M S L	$Y:0.2（根据分割位置确定）$ $X:1.3(\Delta B/6)$	保"型"
J	S M L	$Y:0.75\ 保型$ $X:0.7（与\ GF\ 线平行）$	保证 IJ 平行
K	M S L	$Y:0.5（与\ IJ\ 线平行）$ $X:0.25（口袋档差/2）$	保证 IJ 平行 口袋档差=0.5
L	S M L	$Y:0.63（与\ IJ\ 线平行）$ $X:0.25（口袋档差/2）$	保证 IJ 平行
M	M S L	$Y:0.5$ $X:0.25$	同 K 点
N	S M L	$Y:0.63$ $X:0.25$	同 L 点

前片分开单独放码:

前片分割 1 推档图(图 7-22):

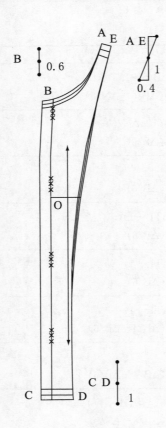

图 7-22　前片分割 1 推档图

前片分割 1 各放码点的位移情况（表 7-10）：

表 7-10　前片分割 1 各放码点的位移情况　　　　　　　　　　（cm）

放码点	位移方向	公　式	备　注
O		$Y:0$ $X:0$	坐标原点
A		$Y:1(\Delta B/6=1.3\ \text{取}\ 1)$ $X:0.4(\Delta N/5)$	$\Delta B=8$、$\Delta G=5$ $\Delta N=2$
B		$Y:0.6(1-\Delta N/5)$ $X:0$	1 是胸围线档差
C		$Y:1(\Delta L-1)$ $X:0$	$\Delta L=2$
D		$Y:1(\Delta L-1)$ $X:0$	同 C
E		$Y:1(\Delta B/6=1.4\ \text{取}\ 1)$ $X:0.4(\Delta N/5)$	同 A

前片分割 2 推档图(图 7-23):

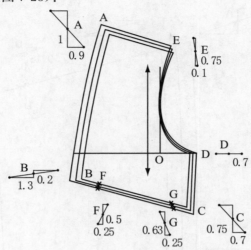

图 7-23 前片分割 2 推档图

前片分割 2 各放码点的位移情况(表 7-11):

表 7-11 前片分割 2 各放码点的位移情况   (cm)

放码点	位移方向	公 式	备 注
O		$Y:0$ $X:0$	坐标原点
A		$Y:1(\Delta B/6=1.3\ 取\ 1)$ $X:0.9(\Delta B/6-\Delta N/5)$	
B		$Y:0.2$ $X:1.3(\Delta B/6)$	1.3 是前胸宽变量
C		$Y:0.75$ $X:0.7(\Delta B/4-\Delta B/6)$	保证 BC 平行
D		$Y:0$ $X:0.7(\Delta B/4-\Delta B/6)$	
E		$Y:0.75(与\ AE\ 平行)$ $X:0.1(\Delta B/6-\Delta S/2)$	保型 $\Delta S=2.4$
F		$Y:0.5(与\ BC\ 线平行)$ $X:0.25(口袋档差/2)$	口袋档差=0.5
G		$Y:0.63(与\ BC\ 线平行)$ $X:0.25(口袋档差/2)$	

前片分割 3 推档图(图 7-24):

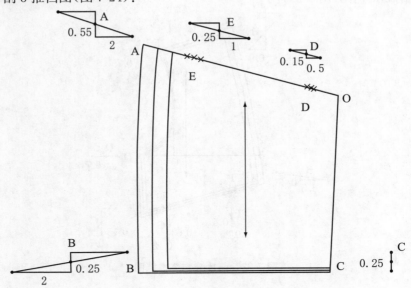

图 7-24　前片分割 3 推档图

前片分割 3 各放码点的位移情况(表 7-12):

表 7-12　前片分割 3 各放码点的位移情况　　　　　　　　　　　　　　　　(cm)

放码点	位移方向	公　式	备　注
O		Y:0 X:0	坐标原点
A	L M S	Y:0.55(与 AO 线平行) X:2(ΔB/4)	ΔB=8
B	M S L	Y:0.25(ΔL−1−0.2−0.55) X:2	
C	S M L	Y:0.25(同 B) X:0	
D	L M S	Y:0.15 X:0.5(0.45~0.5)	
E	L M S	Y:0.25 X:1(0.95~1)	

后片整体推档图（图 7-25）：

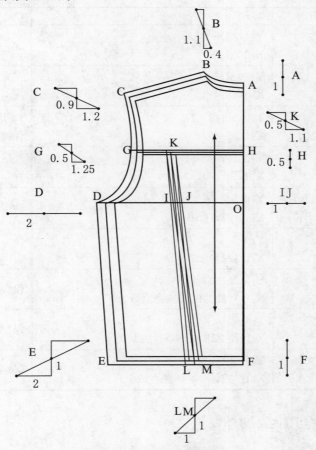

图 7-25　后片整体推档图

后片各放码点的位移情况（表 7-13）：

表 7-13　后片各放码点的位移情况　　　　　　　　　　　　　　（cm）

放码点	位移方向	公　式	备　注
O		Y：0 X：0	坐标原点
A	L M S	Y：1（ΔB/6＝1.3 取 1） X：0	ΔB＝8 1 为胸围线档差
B	L M S	Y：1.1（1＋ΔN/15） X：0.4（ΔN/5）	ΔN＝2 ΔN/15≈0.1
C	L M S	Y：0.9 X：1.2（ΔS/2）	保证肩线平行 ΔS＝2.4
D	L M S	Y：0 X：2（ΔB/4）	

191

放码点	位移方向	公　式	备　注
E	M S L	Y:1(ΔL-1) X:2(ΔB/4)	ΔL=2
F	S M L	Y:1(ΔL-1) X:0	
G	L M S	Y:0.5(1/2×1) X:1.25	1 为胸围线档差 保持袖窿造型
H	L M S	Y:0.5(1/2×1) X:0	
I	L M S	Y:0 X:1(1/2×(ΔB/4))	胸围档差的一半
J	L M S	Y:0 X:1(1/2×(ΔB/4))	
K	L M S	Y:0.5(1/2×1) X:1.1(使 KIL 在一条直线上)	保"型"
L	M S L	Y:1 X:1(使 KIL 在一条直线上)	保"型"
M	M S L	Y:1 X:1(与 KJM 在一条直线上)	保"型"

后片分开单独放码：

后片分割 1 推档图（图 7-26）：

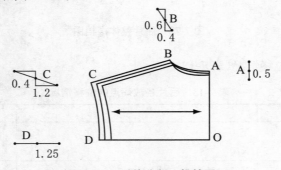

图 7-26　后片分割 1 推档图

后片分割 1 各放码点的位移情况（表 7-14）：

表 7-14　后片分割 1 各放码点的位移情况　　　　　　　　　　　　　　　　（cm）

放码点	位移方向	公　式	备　注
O		Y:0 X:0	坐标原点

放码点	位移方向	公　式	备　注
A	L M S	Y:0.5 X:0	
B	L M S	Y:0.6 X:0.4	
C	L M S	Y:0.4 X:1.2	
D	L M S	Y:0 X:1.25	

后片分割 2 推档图（图 7-27）：

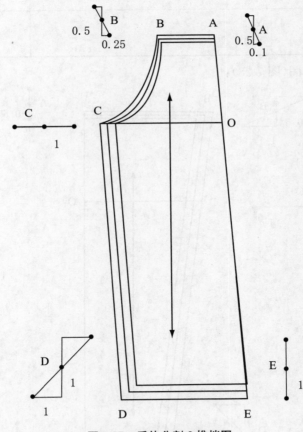

图 7-27　后片分割 2 推档图

后片分割 2 各放码点的位移情况（表 7-15）：

表 7-15　后片分割 2 各放码点的位移情况　　　　　　　　　　　（cm）

放码点	位移方向	公　式	备　注
O		Y：0 X：0	坐标原点
A	L M S	Y：0.5 X：0.1	
B	L M S	Y：0.5 X：0.25	
C	L M S	Y：0 X：1	
D	M S L	Y：1 X：1	
E	S M L	Y：1 X：0	

后片分割 3 推档图（图 7-28）：

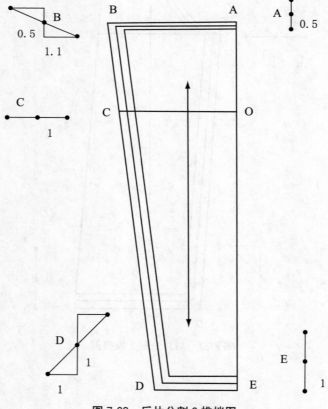

图 7-28　后片分割 3 推档图

194

后片分割 3 各放码点的位移情况（表 7-16）：

表 7-16　后片分割 3 各放码点的位移情况　　　　　　　　　　(cm)

放码点	位移方向	公　式	备　注
O		Y:0 X:0	坐标原点
A		Y:0.5 X:0	
B		Y:0.5 X:1.1	
C		Y:0 X:1	
D		Y:1 X:1	
E		Y:1 X:0	

袖子整体推档图（图 7-29）：

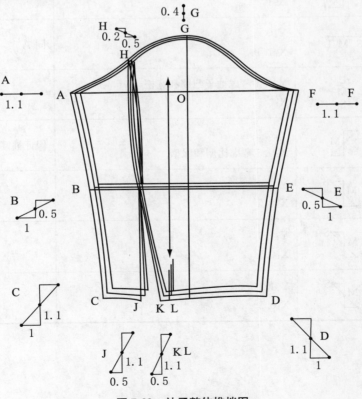

图 7-29　袖子整体推档图

袖子各放码点的位移情况(表 7-17):

表 7-17　袖子各放码点的位移情况　　　　　　　　　　　　(cm)

放码点	位移方向	公　　式	备　　注
O		Y:0 X:0	坐标原点
A	L M S	Y:0 X:1.1 由袖子归缩变量确定	
B	M S / L	Y:0.5(考虑比例确定) X:1	保"型"
C	M S / L	Y:1.1(ΔSL−0.4) X:1(ΔCW/2)	ΔSL=1.5 ΔCW=2
D	S M L	Y:1.1 X:1(ΔCW/2)	
E	S M L	Y:0.5 X:1	同 B
F	S M L	Y:0 X:1.1	同 A
G	L M S	Y:0.4 考虑袖子归缩和宽松 X:0	
H	L M S	Y:0.2 X:0.5 考虑比例和保型	保证袖窿弧线形状不变
J	M S / L	Y:1.1 X:0.5	
K	M S / L	Y:1.1 X:0.5	
L	M S / L	Y:1.1 X:0.5	

袖子分开单独放码：

大袖片推档图（图7-30）：

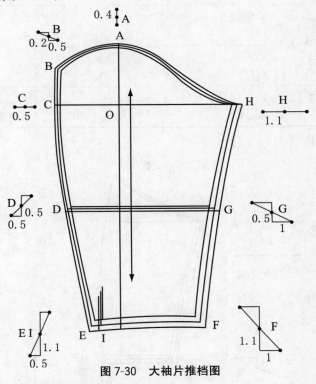

图7-30　大袖片推档图

大袖片各放码点的位移情况（表7-18）：

表7-18　大袖片各放码点的位移情况　　　　　　　　　　　　　　　（cm）

放码点	位移方向	公式	备注
O		Y：0 X：0	坐标原点
A		Y：0.4 X：0	
B		Y：0.2 X：0.5	
C		Y：0 X：0.5	
D		Y：0.5 X：0.5	
E		Y：1.1 X：0.5	
F		Y：1.1 X：1	

放码点	位移方向	公 式	备 注
G		Y:0.5 X:1	
H		Y:0 X:1.1	
I		Y:1.1 X:0.5	

小袖片推档图(图 7-31):

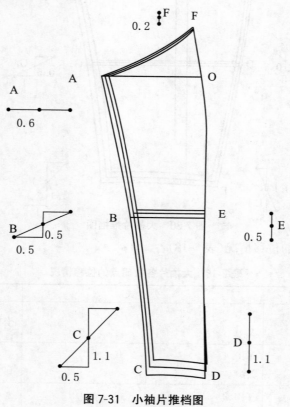

图 7-31　小袖片推档图

小袖片各放码点的位移情况(表 7-19):

表 7-19　小袖片各放码点的位移情况 (cm)

放码点	位移方向	公 式	备 注
O		Y:0 X:0	坐标原点
A		Y:0 X:0.6	

续表

放码点	位移方向	公 式	备 注
B	M↗S ↙L	Y：0.5 X：0.5	
C	M↗S ↙L	Y：1.1 X：0.5	
D	S↓M↓L	Y：1.1 X：0	
E	S↓M↓L	Y：0.5 X：0	
F	L↓M↓S	Y：0.2 X：0	

领子推档图（图7-32）：

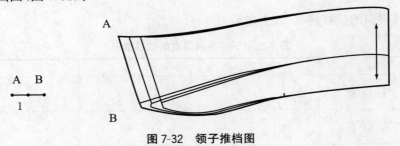

图7-32　领子推档图

领子各放码点的位移情况（表7-20）：

表7-20　领子各放码点的位移情况 　　　　　　　　　　　　　　（cm）

放码点	位移方向	公 式	备 注
A	L M S	Y：0 X：1(ΔN/2)	ΔN＝2
B	L M S	Y：0 X：1(ΔN/2)	

袖克夫、口袋推档图（图7-33）：

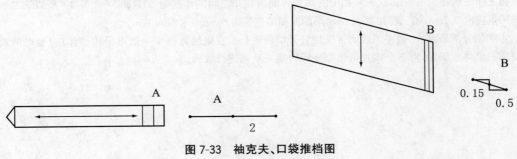

图7-33　袖克夫、口袋推档图

袖克夫、口袋各放码点的位移情况（表7-21）：

表 7-21　袖克夫、口袋各放码点的位移情况　　　　　　　　　　　　　　　（cm）

放码点	位移方向	公　式	备　注
A	S　M　L	Y：0 X：2(△CW)	△CW＝2
B	S 　M 　　L	Y：0.15 X：0.5（口袋档差）	保"型"

下摆推档图（图7-34）：

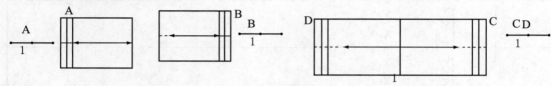

图 7-34　下摆推档图

下摆各放码点的位移情况（表7-22）：

表 7-22　下摆各放码点的位移情况　　　　　　　　　　　　　　　　　　单位：cm

放码点	位移方向	公　式	备　注
A	L　M　S	Y：0 X：1	
B	S　M　L	Y：0 X：1	
C	S　M　L	Y：0 X：1	
D	L　M　S	Y：0 X：1	

注意：

①本款夹克衫为宽松型（不按5·4系列放码）。身高档差按5cm，胸围档差取8cm，相应的领围和袖口档差取2cm，肩宽档差取2.4cm，因此衣长仍取2cm的档差，故胸围线深的档差量需要考虑身高和胸围这两者的变量来确定放码。

②肩线、分割线处在保"量"的同时仍然要注意保"型"。

③扣位放码量的确定：首粒扣随着领圈处B点的放码尺寸，末粒扣随着底边的放码而放码，即首粒扣与末粒扣之间的档差为1.6cm，这五粒扣中的每相邻的两粒扣之间的档差为0.4(cm)＝1.6/4。所以第二粒扣的放码量应取0.2cm，第三粒扣取0.2cm，第四粒扣的位移为0.6cm，末粒为1cm。

④本款分割较多，一般手工放码常采用分开单独进行。在电脑放码中一般可采用整体法，也可两者结合使用。整体放码后，对各分割片可根据坐标转换关系来进行放码。

六、裁剪样板和工艺样板

(一)裁剪样板

面子样板(图 7-35)：

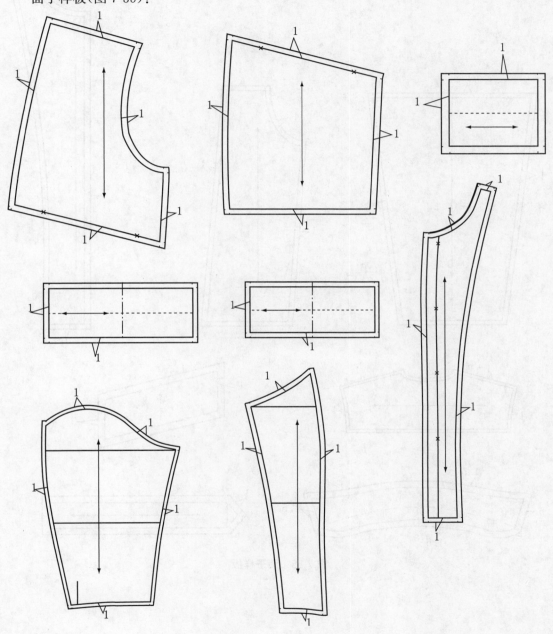

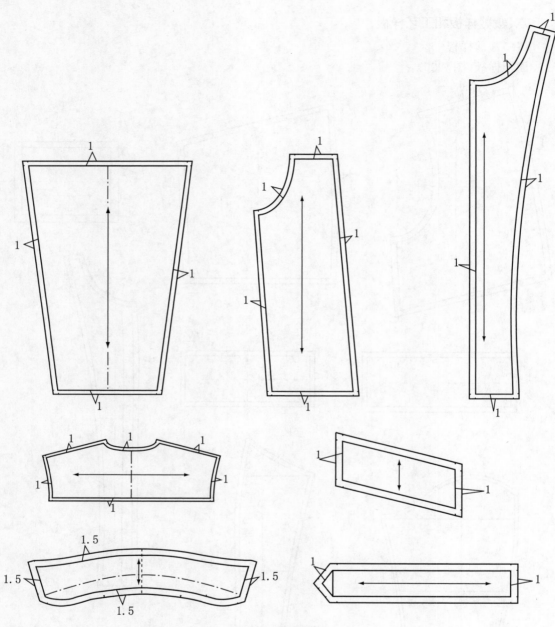

图 7-35　面子样板

里子样板(图 7-36)：

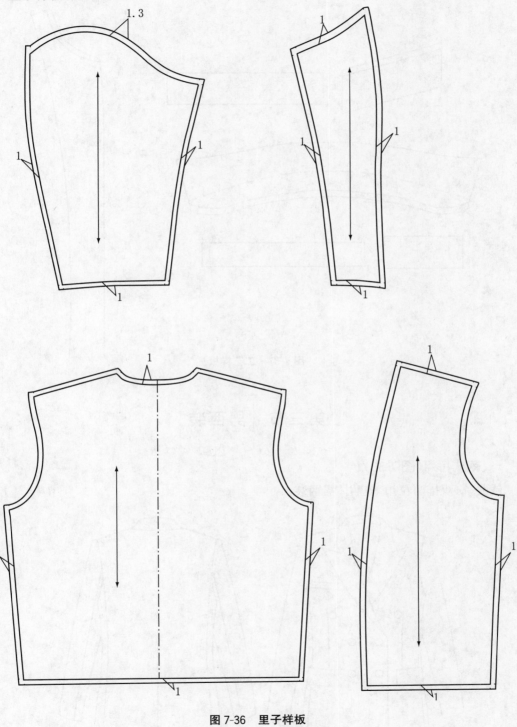

图 7-36　里子样板

（二）工艺样板（图 7-37）

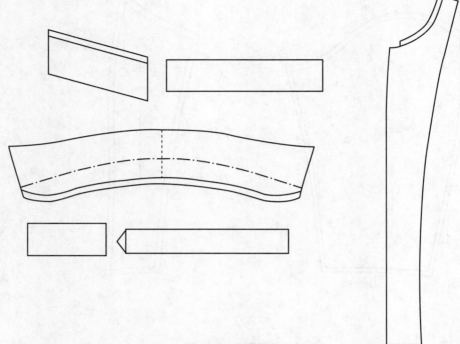

图 7-37　工艺样板

第三节　男西装

一、款式特点（图 7-38）

戗驳领，双排两粒扣，较贴体男西装。

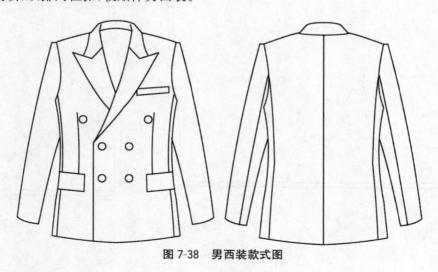

图 7-38　男西装款式图

二、规格设计

衣长：$L=0.4G+7=75(cm)$；

胸围：$B=(B^*+内衣厚度)+18=88+4+18=110(cm)$；

背长：$BAL=0.25G+0.5=43(cm)$；

肩宽：$S=0.3B+14=47(cm)$；

领围：$N=0.25(B^*+内衣厚度)+18=0.25(88+4)+18=41(cm)$；

袖长：$SL=0.3G+8+1.2=60(cm)$；

袖口：$CW=0.1(B^*+内衣厚度)+5.5=0.1(88+4)+5.3=14.5(cm)$。

三、成品规格及推板档差（表7-23）

表7-23　成品规格及推板档差　　　　　　　　　　　　　　　　（cm）

部位	165/84A(S)	170/88A(M)	175/92A(L)	档差
衣长(L)	73	75	77	2
胸围(B)	106	110	114	4
背长(BAL)	42	43	44	1
肩宽(S)	45.8	47	48.2	1.2
领围(N)	40	41	42	1
袖长(SL)	58.5	60	61.5	1.5
袖口(CW)	14	14.5	15	0.5

四、结构制图

第一步（图 7-39）：绘制基准线，包括上水平线、衣长线、袖窿深线、腰节线和起翘；再绘制后背宽线、前胸宽线、摆缝线及止口线。

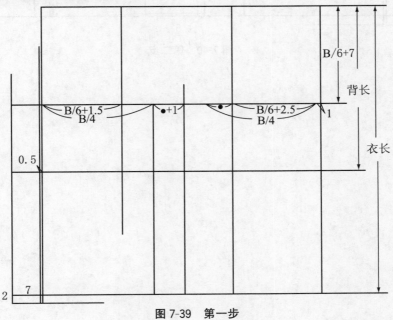

图 7-39　第一步

205

第二步（图 7-40）：绘制后领口宽线、领深线、肩宽线、肩斜线，确定后肩点、后袖窿弧线、后侧缝线及后背缝线；再绘制前领口宽线、领深线、前肩斜线、前肩点、前袖窿弧线、前侧缝线等。

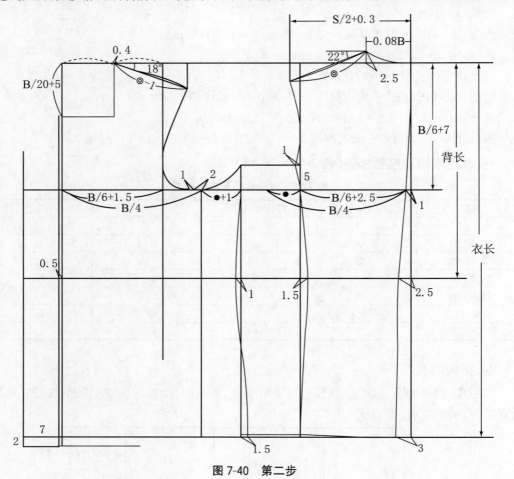

图 7-40　第二步

第三步(图 7-41)：绘制小口袋、大身省、大口袋；再绘制肚省。

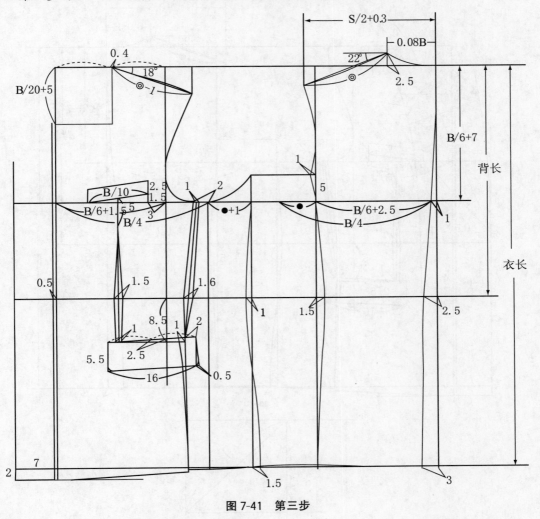

图 7-41　第三步

第四步(图 7-42)：绘制领子，再绘制袖片的基准线。

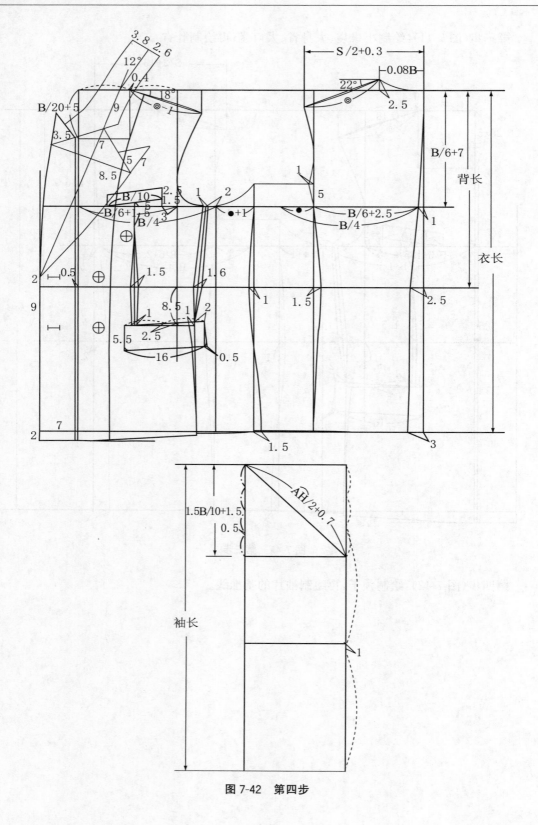

图 7-42　第四步

第五步(图 7-43):完成大小袖片,加深净样轮廓线。

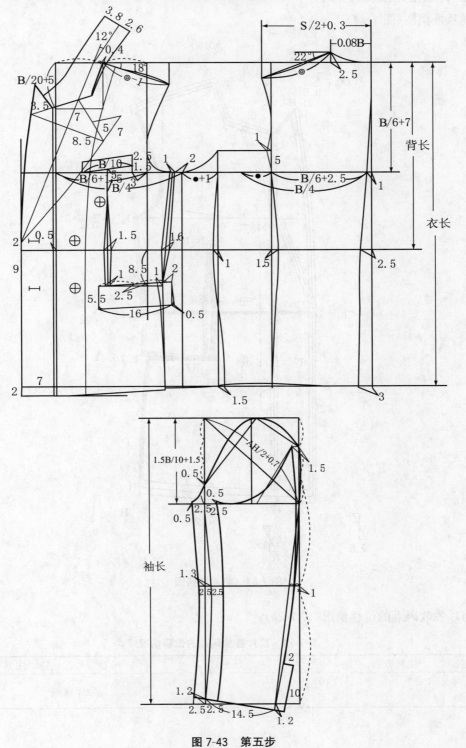

图 7-43　第五步

五、样板推档图(放码图)

前片推档图(图 7-44):

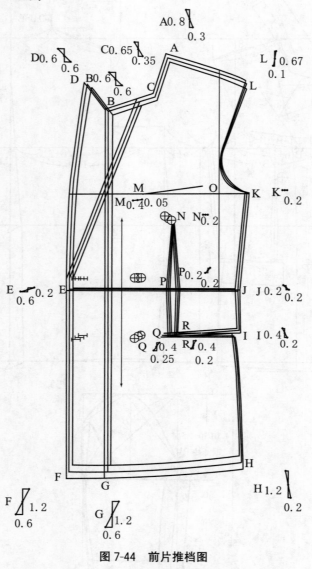

图 7-44　前片推档图

前片各放码点的位移情况(表 7-24):

表 7-24　前片各放码点的位移情况　　　　　　　　　　　　　　　　(cm)

放码点	位移方向	公　式	备　注
O		Y:0 X:0	坐标原点

放码点	位移方向	公　式	备　注
A	L M S	Y：0.8(参考公式 ΔB/6 或 ΔB/5) X：0.3(ΔB/6−ΔB/12≈0.3)	男人体胸围线档差取 0.8
B	L M S	Y：0.6(0.8−ΔN/5) X：0.6(ΔB/6=0.67,取 0.6)	ΔN=1 前胸宽档差取 0.6
C	L M S	Y：0.65(平行 BC 线) X：0.35(平行 AC 线)	保"型"
D	L M S	同 B	
E	S M L	Y：0.2(ΔBAL−0.8) X：0.6 同 B	ΔBAL=1
F	S M L	Y：1.2(ΔL−0.8) X：0.6 同 B	ΔL=2
G	S M L	同 F	
H	S M L	Y：同 F X：0.2[(ΔB/4−0.6)/2]	前胸宽档差取 0.6
I	S M L	Y：0.4 X：同 H	保"型"
J	S M L	Y：同 E X：同 H	
K	S M L	Y：0 X：0.2(ΔB/4−0.6)/2)	前胸宽档差取 0.6
L	L M S	Y：0.67 X：0.1	保证肩线平行 控制小肩长度吃势量
M	M S L	Y：0.05 X：0.4(ΔB/10,小口袋档差)	保证上口袋平行 小口袋档差=0.4
N	L M S	Y：0 X：0.2(小口袋档差/2)	距上口袋为定数
P	M S L	Y：同 E X：同 N	省道保"型"
Q	M S L	Y：0.4 同 I X：0.25(大口袋档差/2)	大口袋档差=0.5
R	M S L	Y：0.4 同 I X：0.2 同 N	省道保"型"

挂面推档图(图 7-45):

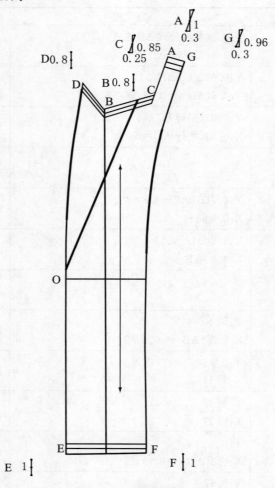

图 7-45 挂面推档图

挂面各放码点的位移情况(表 7-25):

表 7-25 挂面各放码点的位移情况 (cm)

放码点	位移方向	公　式	备　注
O		Y：0 X：0	坐标原点
A		Y：1(△BAL) X：0.3(△B/6−△B/12≈0.3)	△BAL=1 △B/6≈0.6
B		Y：0.8(1−△N/5) X：0	△N=1
C		Y：0.85 X：0.25	保平行

续表

放码点	位移方向	公 式	备 注
D	L M S	同 B	
E	S M L	Y:1(ΔL−1) X:0	ΔL=2
F	S M L	同 E	
G	M L S	Y:0.96 X:同 A	保证肩线平行 保"量"

后片推档图(图 7-46):

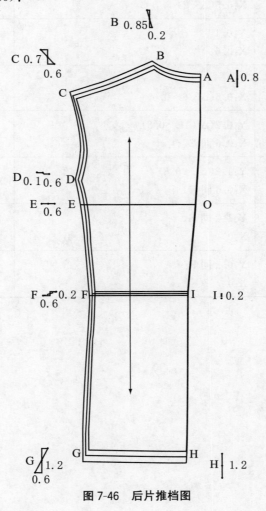

图 7-46 后片推档图

213

后片各放码点的位移情况（表7-26）：

表7-26　后片各放码点的位移情况　　　　　　　　　　　　　　　　　(cm)

放码点	位移方向	公　式	备　注
O		Y：0 X：0	坐标原点
A	L M S	Y：0.8 X：0	与前胸围线深档差相同
B	L M S	Y：0.85(0.8+ΔN/15≈0.85) X：0.2(ΔN/5)	ΔN=1
C	L M S	Y：0.7 X：0.6(ΔS/2)	保证肩线平行 ΔS=1.2
D	L M S	Y：0.1 X：0.6	保型 0.6是后背宽的档差
E	L M S	Y：0 X：0.6(ΔB/6≈0.6)	0.6是后背宽的档差
F	M S L	Y：0.2(ΔBAL−0.8) X：0.6同E	ΔBAL=1
G	M S L	Y：1.2(ΔL−0.8) X：0.6同E	ΔL=2
H	S M L	Y：1.2同G X：0	
I	S M L	Y：0.2同F X：0	

腋下片推档图（图 7-47）：

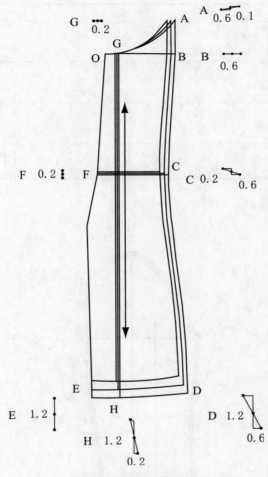

图 7-47　腋下片推档图

腋下片各放码点的位移情况（表 7-27）：

表 7-27　腋下片各放码点的位移情况　　　　　　　　　　　　　　　　　　（cm）

放码点	位移方向	公　式	备　注
O		Y：0 X：0	坐标原点
A		Y：0.1 X：0.6（先确定 B 点）	保"型"
B		Y：0 X：0.6（ΔB/2−0.8−0.6＝0.6）	0.8,0.6 分别为前、后片胸围大的档差
C		Y：0.2（ΔBAL−0.8） X：0.6 同 B	ΔBAL＝1

续表

放码点	位移方向	公　式	备　注
D	S M L	Y:1.2(ΔL−0.8) X:0.6同B	ΔL=2
E	S M L	Y:1.2同D X:0	
F	S M L	Y:0.2同C X:0	
G	S M L	Y:0 X:0.2(ΔB/4−0.8)	保"型" 0.8为前胸围大的档差

大袖片推档图(图7-48):

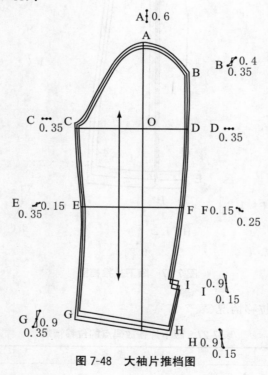

A ‖ 0.6

B ╱ 0.4
0.35

C ⋯ 0.35

D ⋯ 0.35

E ╱ 0.15
0.35

F 0.15 ╲
0.25

I ┃ 0.9
0.15

G ╱ 0.9
0.35

H ┃ 0.9
0.15

图 7-48　大袖片推档图

大袖片各放码点的位移情况(表7-28):

表 7-28　大袖片各放码点的位移情况　　　　　　　　　　　　　(cm)

放码点	位移方向	公　式	备　注
O		Y:0 X:0	原点坐标
A	L M S	Y:0.6(0.15ΔB) X:0	与袖窿深变量有关

216

放码点	位移方向	公　式	备　注
B	M L S	Y:0.4(0.6×2/3) X:0.35(ΔB/5−0.1)/2	控制袖子的归缩量
C	L M S	Y:0 X:0.35(ΔB/5−0.1)/2	
D	S M L	Y:0 X:0.35(ΔB/5−0.1)/2	
E	M S L	Y:0.15(ΔSL/2−0.6) X:0.35 同 C	ΔSL=1.5
F	S M L	Y:0.15 同 E X:0.25	保"型"
G	M S L	Y:0.9(ΔSL−0.6) X:0.35 同 C	
H	S M L	Y:0.9 同 G X:0.15(ΔCW−0.35)	ΔCW=0.5
I	S M L	同 H	保"型",保"量"

小袖片推档图(图 7-49):

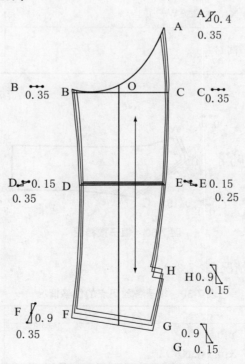

图 7-49　小袖片推档图

小袖片各放码点的位移情况（表7-29）：

表7-29　小袖片各放码点的位移情况 （cm）

放码点	位移方向	公　式	备　注
O		Y：0 X：0	坐标原点
A		Y：0.4(0.6×2/3) X：0.35（ΔB/5－0.1)/2	
B	L M S	Y：0 X：0.35（ΔB/5－0.1)/2	
C	S M L	Y：0 X：0.35（ΔB/5－0.1)/2	
D		Y：0.15(ΔSL/2－0.6) X：0.35 同B	ΔSL=1.5
E		Y：0.15 同D X：0.25	保"型"
F		Y：0.9(ΔSL－0.6) X：0.35 同B	
G		Y：0.9 同F X：0.15(ΔCW－0.35)	ΔCW=0.5
H		同G	保"型",保"量"

领子推档图（图7-50）：

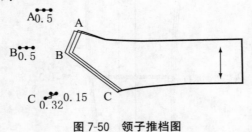

图7-50　领子推档图

领子各放码点的位移情况（表7-30）：

表7-30　领子各放码点的位移情况 （cm）

放码点	位移方向	公　式	备　注
A	L M S	Y：0 X：0.5(ΔN/2)	ΔN=1

放码点	位移方向	公 式	备 注
B	L M S	同 A	
C	M S L	Y：0.15 X：0.32	保证底领下口线形状不变

大口袋盖推档图（图 7-51）：

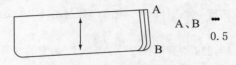

图 7-51 大口袋盖推档图

大口袋盖各放码点的位移情况（表 7-31）：

表 7-31 大口袋盖各放码点的位移情况 (cm)

放码点	位移方向	公 式	备 注
A	S M L	Y：0 X：0.5（大口袋档差）	大口袋档差＝0.5
B	S M L	同 A	

小口袋推档图（图 7-52）：

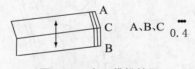

图 7-52 小口袋推档图

小口袋各放码点的位移情况（表 7-32）：

表 7-32 小口袋各放码点的位移情况 (cm)

放码点	位移方向	公 式	备 注
A	S M L	Y：0 X：0.4（ΔB/10）	小口袋档差＝0.4
B	S M L	同 A	
C	S M L	同 A	

注意：

①前、后片 A 点（Y 方向变量）：理论上放码量应为 $\Delta B/6＝0.67cm$，如取 0.7cm，有效袖窿深将为 0.6cm 左右，考虑到较合体服装的袖山高位于有效袖窿深的 80％～85％处左右，则袖山高的放码量为 $0.6×（80％～85％）≈0.5（cm）$。在保证袖山弧线的归缩量的情况下，将会导致袖肥的放码量过大，此时，若保证袖肥的放码量不过大，则推码前后袖山弧线与袖窿弧线的配伍性将会出现问题。如果前、后片 A 点

的放码量取 $0.8cm$,有效袖窿深将为 $0.7cm$ 左右,袖山高则应为 $0.7 \times (80\% \sim 85\%) = 0.56 \sim 0.6(cm)$,取 $0.6cm$。这样既能保证袖肥的放码量不过大,又能保证衣身与衣袖整体的配伍性。通常情况下,男人体前、后片 A 点的(Y 方向)放码量常参考公式 $\Delta B/5 = 0.8cm$。

②驳领驳折点的放码一般是由止口线和翻折线这两者变量的交点得到的,调整的原则是:既要保证翻折线在放码后互相平行又要保证纽位档差的合理。

③前片大口袋在 Y 方向上的放码量取 $0.4cm$(也可取 $0.6cm$),主要考虑口袋随着衣身的放缩而距腰节线的距离增大或减少,而不致于使口袋距衣身底摆距离过大或过小,即保平衡。这种特点在中山装的大口袋放码量上表现得更明显,因为中山装的口袋为明口袋,它在放码前后是否与衣身保持平衡显得更加突出。

④挂面的放码量与前片的放码量一致。挂面可以把腰节线与止口线的交点作为放码的基准点,这样更加简洁。

⑤关于扣位的放码,首粒扣是与驳折点保持在同一水平线上的,它的放码量随着驳折点的变化而相应地变化,而末粒扣与大口袋的放码量是一致的。

⑥前片摆缝处 K 点位于 B/4 与胸宽线的 1/2 处左右,所以其 X 方向上的放码量取 $0.2(cm) = (\Delta B/4 - 0.6)/2$,衣身上摆缝处的总放码量为 $1.4(cm) = 0.6 + 0.2 + 0.6$,大小袖片袖肥的放码量应分别为 $0.7(cm) = 1.4/2$,其数值刚好控制了袖山弧线的归缩量。

六、裁剪样板和工艺样板

(一)裁剪样板

面子样板(图 7-53):

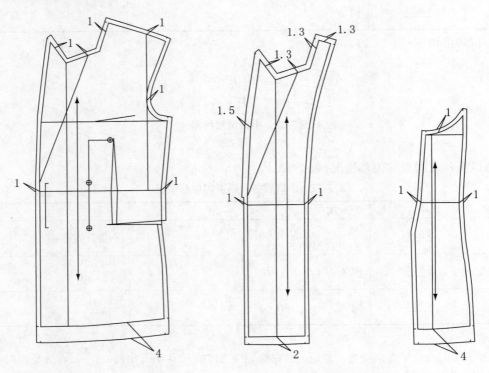

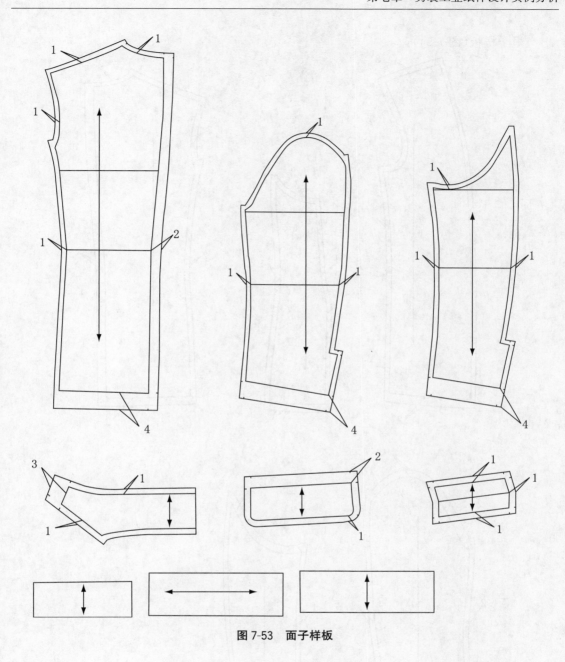

图 7-53 面子样板

221

里子样板(图 7-54)：

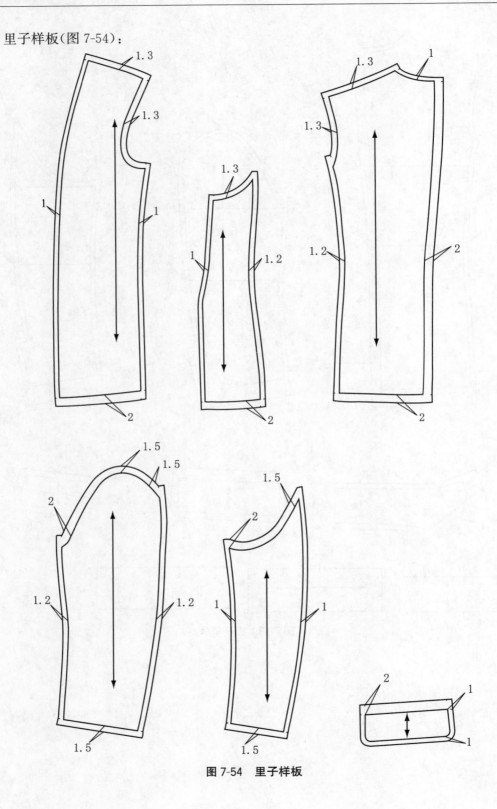

图 7-54　里子样板

衬料样板（图 7-55）：

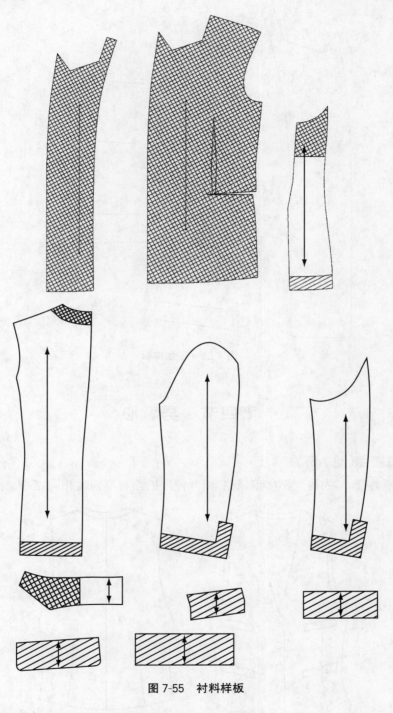

图 7-55　衬料样板

方格标注的表示针织有纺衬，斜线标注的表示无纺衬。

（二）工艺样板（图 7-56）

定型样板：

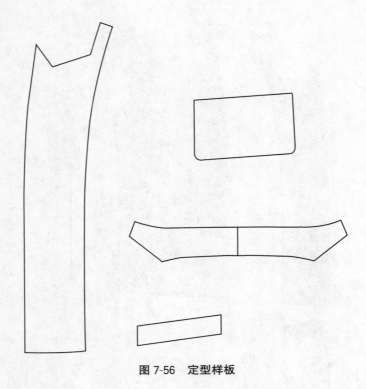

图 7-56　定型样板

第四节　男背心

一、款式特点(图 7-57)

"V"字领男背心，衣身为贴体型风格，前片使用的面料与西装相同，后衣身用里子布料。

图 7-57　男背心款式图

二、规格设计

衣长：L=0.3G=51cm；

胸围：B=(B*＋内衣厚度)＋8=88＋2＋8=98(cm)；

背长：BAL=0.25G=42.5cm；

肩宽：S取35cm。

三、成品规格尺寸及推板档差(表7-33)

表 7-32　成品规格尺寸及推板档差　　　　　　　　　　(cm)

部位	165/84A(S)	170/88A(M)	175/92A(L)	档差
衣长(L)	49.8	51	56.2	1.2
胸围(B)	94	98	102	4
背长(BAL)	41.5	42.5	43.5	1
肩宽(S)	34	35	36	1

四、结构制图

第一步(图7-58)：绘制基准线，包括上水平线、衣长线、袖窿深线、腰节线等；再绘制前后中心线、前胸宽线、后背宽线及止口线等。

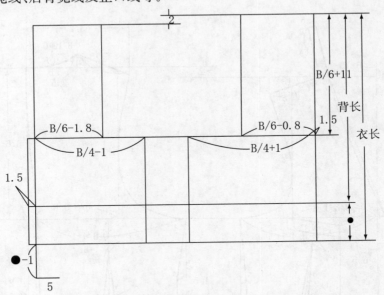

图 7-58　第一步

第二步(图7-59)：绘制后领口宽线、领深线、肩宽线、肩线、袖窿弧线、侧缝线及后背缝中心线；再绘制前领口宽、领口弧线、肩线、袖窿弧线、侧缝线及底边形状。

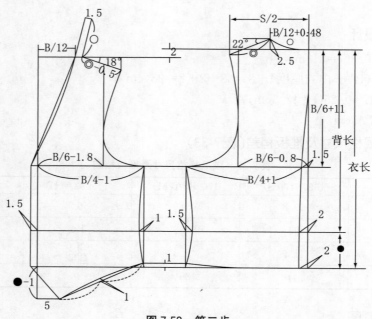

图 7-59　第二步

　　第三步（图 7-60）：确定大小口袋和前衣身上省的位置；再绘制后衣身上的省；并加深净样轮廓线。

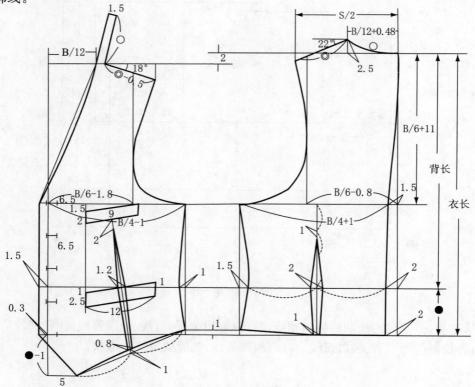

图 7-60　第三步

五、样板推档图(放码图)

前片推档图(图 7-61):

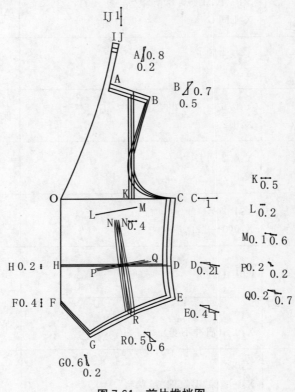

图 7-61　前片推档图

前片各放码点的位移情况(表 7-34):

表 7-34　前片各放码点的位移情况 (cm)

放码点	位移方向	公　式	备　注
O		Y:0 X:0	坐标原点
A		Y:0.8 X:0.2(ΔN/5)	男人体胸围线档差取 0.8,ΔN=1
B		Y:0.7 X:0.5(ΔS/2)	保证肩线平行 ΔS=1
C		Y:0 X:1(ΔB/4)	ΔB=4
D		Y:0.2(ΔBAL-0.8) X:1 同 C	ΔBAL=1

227

续表

放码点	位移方向	公　式	备　注
E	S M L（斜向）	Y：0.4（ΔL−0.8） X：1 同 C	ΔL＝1.2
F	S M L（竖向）	Y：0.4 同 E X：0	
G	S M L（斜向）	Y：0.6 X：0.2	保"型"
H	S M L（竖向）	Y：0.2 同 D X：0	
I	L M S（竖向）	Y：1 X：0（0～0.2）	保"型"、保"量"
J	L M S（竖向）	同 I	保"型"
K	S M L（横向）	Y：0 X：0.5（肩冲不变）	保"型"
L	S M L（横向）	Y：0 X：0.2 保"型"、保"量"	
M	S M L（斜向）	Y：0.1 X：0.6（0.2＋小口袋档差）	保证上口袋平行 小口袋档差＝0.4
N	S M L（横向）	Y：0 X：0.4（（0.2＋0.6）/2）	保证省位
P	S M L（斜向）	Y：0.2 同 D X：0.2 同 L	保证大小口袋在同一竖直线上
Q	S M L（斜向）	Y：0.2 同 D X：0.7（0.2＋大口袋档差）	大口袋档差＝0.5
R	S M L（斜向）	Y：0.5 X：0.6	省道保"型"

228

后片推档图(图 7-62):

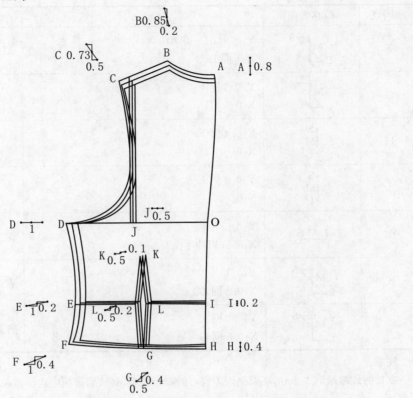

图 7-62　后片推档图

后片各放码点的位移情况(表 7-35):

表 7-35　后片各放码点的位移情况　　　　　　　　　　　　　　(cm)

放码点	位移方向	公　式	备　注
O		Y:0 X:0	坐标原点
A		Y:0.8 X:0	与前胸围线深档差相同
B		Y:0.85(0.8+ΔN/15≈0.85) X:0.2(ΔN/5)	ΔN=1
C		Y:0.73 X:0.5(ΔS/2)	保证肩线平行 ΔS=1
D		Y:0 X:1(ΔB/4)	ΔB=4
E		Y:0.2(ΔBAL−0.8) X:1 同 D	ΔBAL=1

229

放码点	位移方向	公　式	备　注
F	M S L	Y:0.4(ΔL−0.8) X:1 同 D	ΔL=1.2
G	M S L	Y:0.4 同 F X:0.5	省道保"型"
H	S M L	Y:0.4 同 F X:0	
I	S M L	Y:0.2 同 E X:0	
J	L M S	Y:0 X:0.5(肩冲不变)	保"型"
K	M S L	Y:0.1 X:0.5 同 G	省道保"型"
L	M S L	Y:0.2 同 E X:0.5 同 G	省道保"型"

注意:

衣长的放缩量取 1.2cm,主要是因为背心的衣长较短,其放缩量相应地要与衣长成比例。

六、裁剪样板

面子样板(图 7-63):

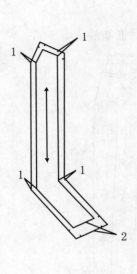
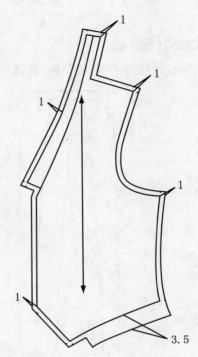

图 7-63 面子样板

里子样板(图 7-64):

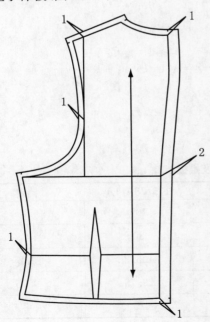
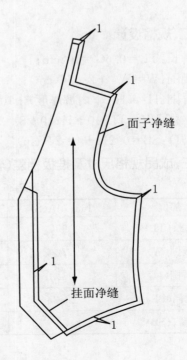

面子净缝

挂面净缝

图 7-64 里子样板

第五节　男西裤

一、款式特点(图7-65)

前片单褶裥,后片两个省,较贴体,直筒裤口,直插袋,后嵌线袋。

图7-65　男西裤款式图

二、规格设计

裤长:TL＝0.6G＝102cm;

腰围:W＝W*＋2＝76(cm);

臀围:H＝(H*＋内裤厚度)＋10＝102(cm);

立裆:BR＝TL/10＋H/10＋8＝29(cm);

脚口:SB＝0.2H＋4＝24(cm)。

三、成品规格尺寸及推板档差(表7-36)

表7-36　成品规格尺寸及推板档差　　　　　　　　　　　　(cm)

部位	165/70A(S)	170/74A(M)	175/78A(L)	档差
裤长(TL)	99	102	105	3
腰围(W)	72	76	80	4
臀围(H)	98.8	102	105.2	3.2
立裆(BR)	28.25	29	29.75	0.75
脚口(SB)	23	24	25	1

四、结构制图

第一步（图 7-66）：绘制裤基本线、裤长线、横裆线、后横裆开落线、臀围线、中裆线和臀围宽线。

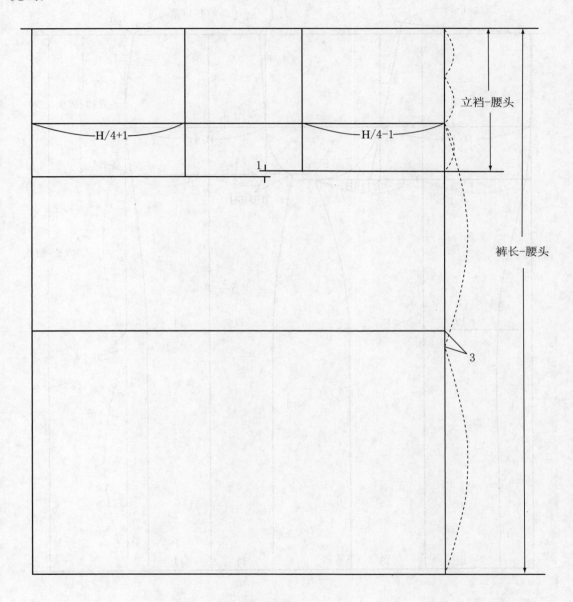

图 7-66　第一步

第二步(图7-67):确定前、后裆宽大小,绘制前、后挺缝线;再确定腰围和脚口大小,绘制上、下裆线和侧缝线。

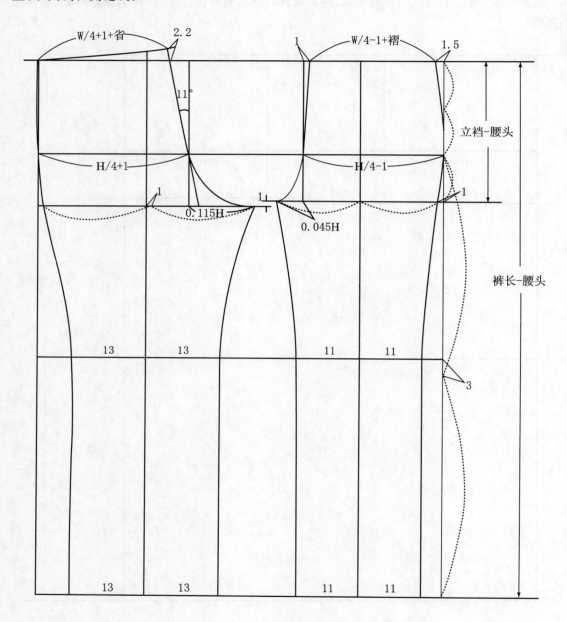

图 7-67　第二步

第三步(图 7-68)：确定前片裥位、后片省位；再绘制前片单褶、定后片口袋位置，绘制后片两省，并加深净样轮廓线。

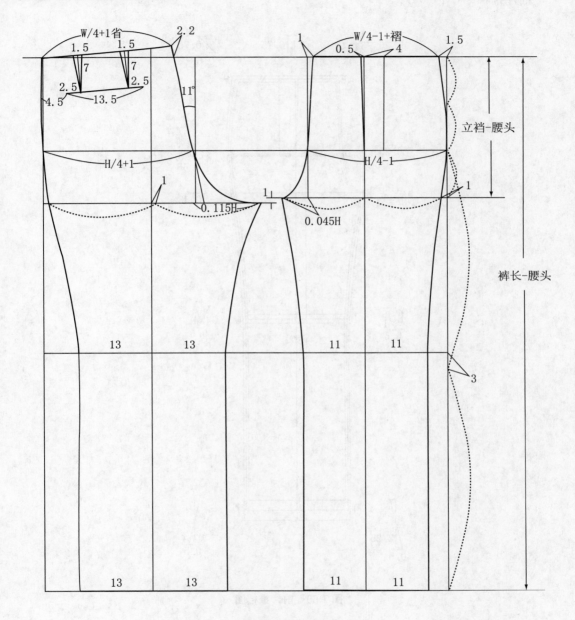

图 7-68　第三步

五、样板推档图（放码图）

前片推档图（图 7-69）：

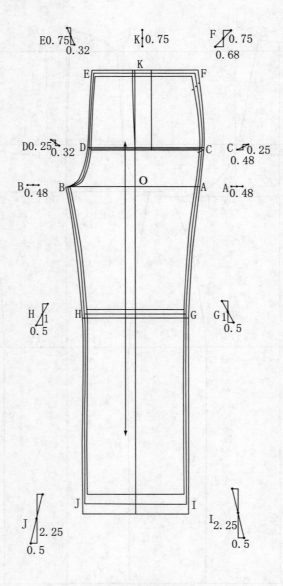

图 7-69　前片推档图

前片各放码点的位移情况(表 7-37):

表 7-37 前片各放码点的位移情况 (cm)

放码点	位移方向	公 式	备 注
O		Y:0 X:0	坐标原点
A	S M L	Y:0 X:0.48(ΔH/4+0.05ΔH)/2	ΔH=3.2
B	L M S	Y:0 X:0.48(ΔH/4+0.05ΔH)/2	
C	M L / S	Y:0.25(ΔBR/3) X:同A	ΔBR=0.75,保证侧缝型不变
D	L M S	Y:同C X:0.32(ΔH/4−0.48)	
E	L M S	Y:0.75(ΔBR) X:同D	保证前裆线型不变
F	M L / S	Y:同E X:0.68(ΔW/4−0.32)	ΔW=4
G	S M L	Y:1((ΔTL−2ΔBR/3)/2−ΔBR/3) X:0.5(ΔSB/2)	ΔTL=3 ΔSB=1
H	S M L	Y:同G X:0.5(ΔSB/2)	
I	S M L	Y:2.25(ΔTL−ΔBR) X:同G	
J	M S L	Y:同I X:同H	
K	L M S	Y:同E X:0	保证省位

后片推档图(图 7-70)：

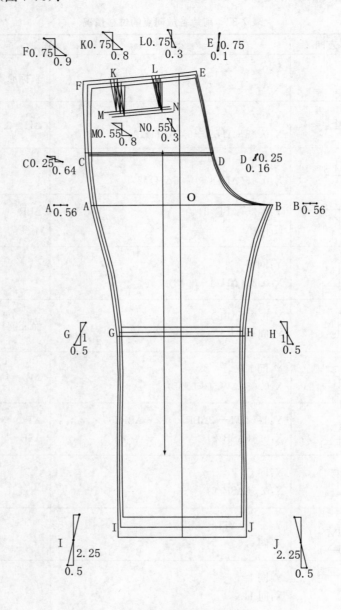

图 7-70　后片推档图

后片各放码点的位移情况(表7-38):

表7-38　后片各放码点的位移情况　　　　　　　　　　　　　　　　(cm)

放码点	位移方向	公　式	备　注
O		Y:0 X:0	坐标原点
A	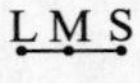 L M S	Y:0 X:0.56(ΔH/4+0.1ΔH)/2	ΔH=3.2
B	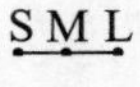 S M L	Y:0 X:0.56(ΔH/4+0.1ΔH)/2	
C	 L M S	Y:0.25(ΔBR/3) X:0.64	ΔBR=0.75, 保侧缝形状
D	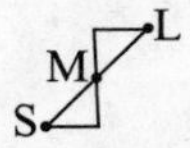 M L S	Y:同C X:0.16(ΔH/4−0.64)	
E	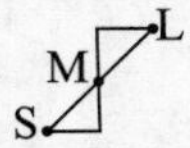 M L S	Y:0.75(ΔBR) X:0.1	保"型"
F	 L M S	Y:同E X:0.9(ΔW/4−0.1)	ΔW=4
G	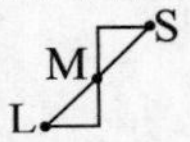 S M L	Y:1((ΔTL−2ΔBR/3)/2−ΔBR/3) X:0.5(ΔSB/2)	ΔTL=3 ΔSB=1
H	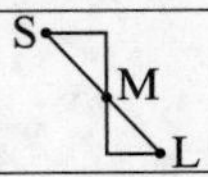 S M L	Y:同G X:0.5(ΔSB/2)	
I	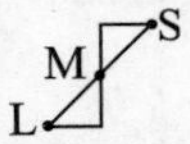 S M L	Y:2.25(ΔTL−ΔBR) X:同G	
J	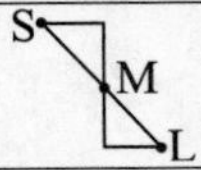 S M L	Y:同I X:同H	
K	 L M S	Y:同E X:0.8	保"型"
L	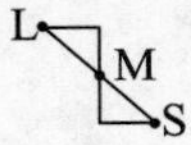 L M S	Y:同E X:0.3(0.8−口袋档差)	口袋档差=0.5
M	 L M S	Y:0.55(0.75−省长的变量) X:0.8	省长变量=0.2 保"型"
N	 L M S	Y:同M X:同L	保"型"

注意:

确定前上档宽的公式为 H/4+0.045H,其档差近似取 0.48cm=(ΔH/4+0.05ΔH)/2;大档弯宽的公式为 H/4+0.115H,其档差近似取 0.56cm=(ΔH/4+0.1ΔH)/2。

六、裁剪样板和工艺样板

（一）裁剪样板

面子样板（图 7-71）：

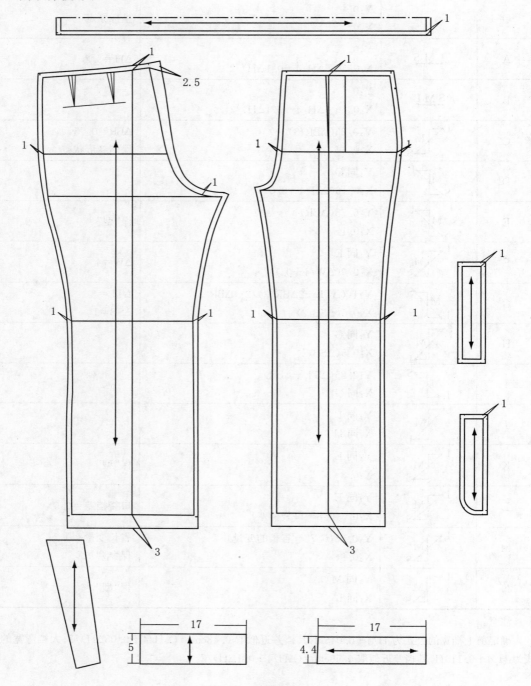

图 7-71　面子样板

零部件裁剪样板（图 7-72）：

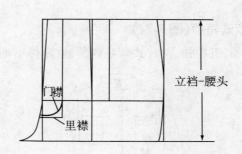

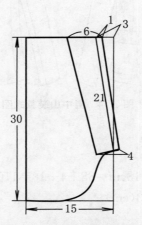

图 7-72　零部件裁剪样板

（二）工艺样板（图 7-73）

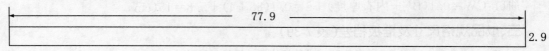

图 7-73　工艺样板

第六节 男中山装

一、款式特点(图7-74)

翻立领、五粒扣、两片式弯身西装袖(贴体型袖山)，大小贴袋，较贴体衣身。

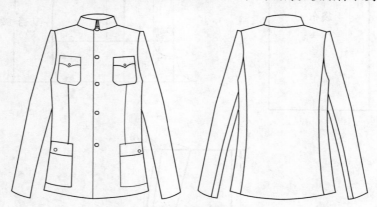

图7-74 男中山装款式图

二、规格设计

衣长：$L=0.4G+7=75$(cm)；

胸围：$B=(B^*+内衣厚度)+18cm=88+4+18=110$(cm)；

背长：$BAL=0.25G+0.5=43$(cm)；

肩宽：$S=0.3B+13=46$(cm)；

领围：$N=0.25(B^*+内衣厚度)+17=0.25(88+4)+17=40$(cm)；

袖长：$SL=0.3G+9+1=61$(cm)；

袖口：$CW=0.1(B^*+内衣厚度)+6=0.1(88+4)+5.8=15$(cm)。

三、成品规格尺寸及推板档差(表7-39)

表7-39 成品规格尺寸及推板档差   (cm)

部位	165/84A(S)	170/88A(M)	175/92A(L)	档差
衣长(L)	73	75	77	2
胸围(B)	106	110	114	4
背长(BAL)	42	43	44	1
肩宽(S)	44.8	46	47.2	1.2
领围(N)	39	40	41	1
袖长(SL)	59.5	61	62.5	1.5
袖口(CW)	14.5	15	15.5	0.5

四、结构制图

第一步(图7-75)：绘制上水平线、衣长线、袖窿深线、腰节线等；再绘制前后中心线、前胸宽线、后背宽线、摆缝线及止口线。

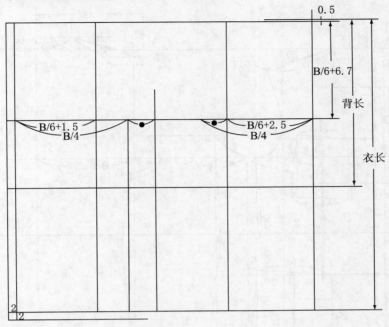

图 7-75　第一步

第二步（图 7-76）：绘制后领口宽线、领深线、肩宽线、肩线、袖窿弧线、摆缝线；再绘制撇胸、前领口宽线、领深线、肩宽线、肩线、袖窿弧线、摆缝线。

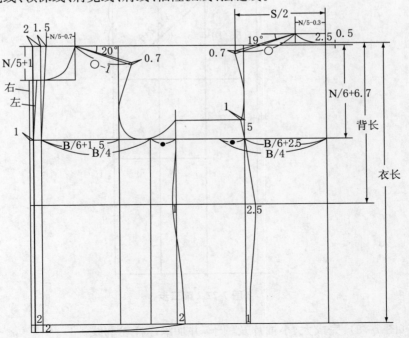

图 7-76　第二步

第三步(图 7-77):绘制小、大口袋及大身省;并绘制袖片的基准线。

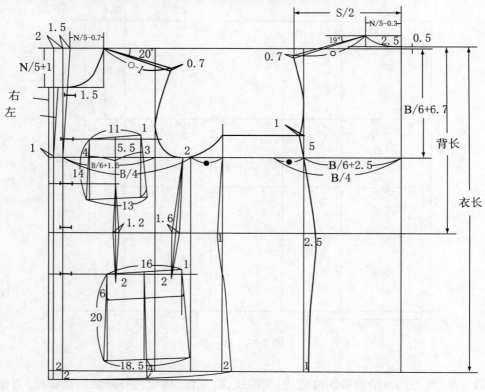

图 7-77　第三步

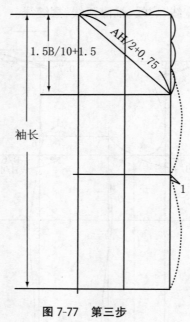

第四步(图 7-78):完成大、小袖片及领子,并加深净样轮廓线。

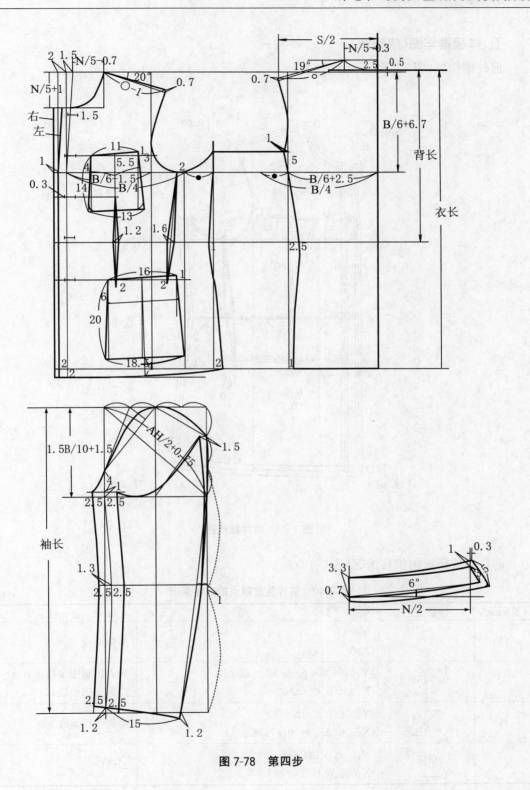

图 7-78　第四步

245

五、样板推档图（放码图）

前片推档图（图 7-79）：

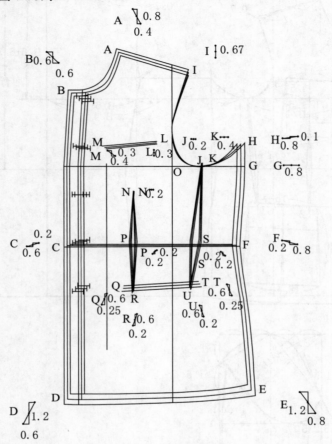

图 7-79　前片推档图

前片各放码点的位移情况（表 7-40）：

表 7-40　前片各放码点的位移情况　　　　　　　　　　　　　　　　（cm）

放码点	位移方向	公　式	备　注
O		Y：0 X：0	坐标原点
A		Y：0.8（参考公式 ΔB/6 或 ΔB/5） X：0.4（0.6－ΔN/5＝0.4）	男人体胸围线档差 0.8 前胸宽档差取 0.6
B		Y：0.6（0.8－ΔN/5） X：0.6（ΔB/6＝0.67，取 0.6）	前胸宽档差取 0.6
C		Y：0.2（ΔBAL－0.8） X：0.6 同 B	ΔBAL＝1

放码点	位移方向	公 式	备 注
D	(S M L 斜向)	Y:1.2(ΔL−0.8) X:0.6 同 B	ΔL＝2
E	(S M L 斜向)	Y:1.2 同 D X:0.8(ΔB/2−0.6−0.6)	0.6 分别是前胸宽和后背宽的档差
F	(S M L 斜向)	Y:0.2 同 C X:0.8 同 E	
G	S M L	Y:0 X:0.8(ΔB/2−0.6−0.6)	0.6 分别是前胸宽和后背宽的档差
H	(L M S 斜向)	Y:0.1 X:0.8 同 E	保"型"
I	(L M S 竖向)	Y:0.67 X:0	保证肩线平行
J	S M L	Y:0 X:0.2((ΔB/4−0.6)/2)	省道保"型",0.6 是前胸宽的档差
K	S M L	Y:0 X:0.4(ΔB/4−0.6)	
L	(L M S 竖向)	Y:0.3 X:0	跟随第二粒纽扣
M	(L M S 斜向)	Y:0.3 同 L X:0.4(ΔB/10)	小口袋档差＝0.4
N	L M S	Y:0 X:0.2(小口袋档差/2)	
P	(M S L 斜向)	Y:同 C X:同 N	
Q	(M S L 斜向)	Y:0.6 X:0.25(大口袋档差/2)	跟随第五粒纽扣 大口袋档差＝0.5
R	(M S L 斜向)	Y:同 Q X:同 N	
S	(S M L 斜向)	Y:同 C X:同 J	
T	(S M L 斜向)	Y:0.6 X:0.25(大口袋档差/2)	跟随第五粒纽扣
U	(S M L 斜向)	Y:同 R X:同 J	省道保"型"

挂面推档图(图 7-80):

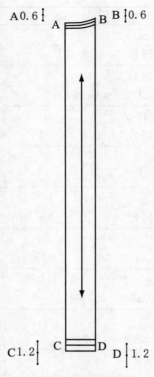

图 7-80　挂面推档图

挂面各放码点的位移情况(表 7-41):

表 7-41　挂面各放码点的位移情况　　　　　　　　　　　(cm)

放码点	位移方向	公　式	备　注
A	L M S	Y:0.6(0.8－ΔN/5) X:0	0.8 是前胸围线深的档差, ΔN=1
B	L M S	同 A	
C	S M L	Y:1.2(ΔL－0.8) X:0	ΔL=2
D	S M L	同 C	

后片推档图(图 7-81)：

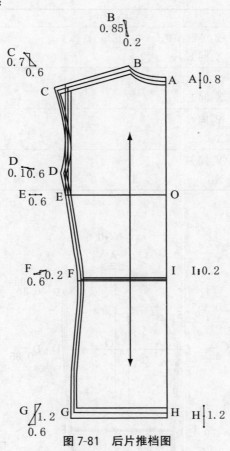

图 7-81　后片推档图

后片各放码点的位移情况(表 7-42)：

表 7-42　后片各放码点的位移情况　　　　　　　　(cm)

放码点	位移方向	公　式	备　注
O		Y：0 X：0	坐标原点
A	L M S	Y：0.8 X：0	与前胸围线档差相同
B	L M S	Y：0.85(0.8+ΔN/15≈0.85 X：0.2(ΔN/5)	ΔN=1
C	L M S	Y：0.7 X：0.6(ΔS/2)	保证肩线平行 ΔS=1.2
D	L M S	Y：0.1 X：0.6	保"型" 0.6 是后背宽的档差
E	L M S	Y：0 X：0.6(ΔB/6=0.67,取 0.6)	0.6 是后背宽的档差

放码点	位移方向	公 式	备 注
F	M L S (箭头)	Y:0.2(ΔBAL−0.8) X:同E	ΔBAL=1
G	M L S (箭头)	Y:1.2(ΔL−0.8) X:同E	ΔL=2
H	S M L	Y:同G X:0	
I	S M L	Y:同F X:0	

大袖片推档图(图7-82):

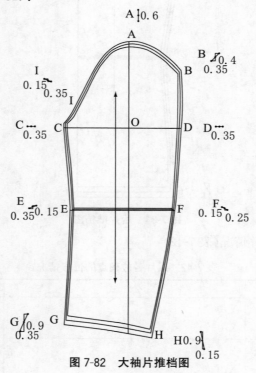

图7-82 大袖片推档图

大袖片各放码点的位移情况(表7-43):

表7-43 大袖片各放码点的位移情况
(cm)

放码点	位移方向	公 式	备 注
O		Y:0 X:0	坐标原点
A	L M S	Y:0.6(0.15ΔB) X:0	ΔB=4

放码点	位移方向	公　　式	备　　注
B	M L S	Y：0.4(0.6×2/3) X：0.35（ΔB/5−0.1)/2	控制袖子的归缩量
C	L M S	Y：0 X：0.35（ΔB/5−0.1)/2	
D	S M L	Y：0 X：同 B	
E	S M L	Y：0.15(ΔSL/2−0.6) X：同 C	ΔSL＝1.5
F	S M L	Y：同 E X：0.25	保"型"
G	S M L	Y：0.9(ΔSL−0.6) X：同 C	0.6 是袖山深档差
H	S M L	Y：同 G X：0.15(ΔCW−0.35)	ΔCW＝0.5
I	L M S	Y：0.15(0.6/4) X：同 C	0.6 是袖山深档差

小袖片推档图（图 7-83)：

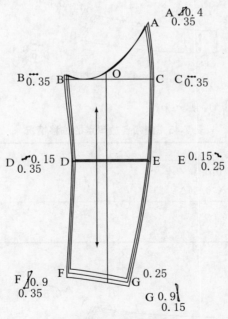

图 7-83　小袖片推档图

小袖片各放码点的位移情况(表 7-44):

表 7-44　小袖片各放码点的位移情况 (cm)

放码点	位移方向	公　式	备　注
O		Y:0 X:0	坐标原点
A		Y:0.4(0.6×2/3) X:0.35 (ΔB/5−0.1)/2	控制袖子的归缩量
B	L M S	Y:0 X:0.35 (ΔB/5−0.1)/2	
C	S M L	Y:0 X:同 A	
D		Y:0.15(ΔSL/2−0.6) X:同 B	ΔSL=1.5
E		Y:同 D X:0.25	保"型"
F		Y:0.9(ΔSL−0.6) X:同 B	
G		Y:同 F X:0.15(ΔCW−0.35)	ΔCW=0.5

翻领推档图(图 7-84):

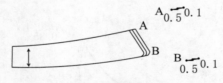

图 7-84　翻领推档图

翻领各放码点的位移情况(表 7-45):

表 7-45　翻领各放码点的位移情况 (cm)

放码点	位移方向	公　式	备　注
A		Y:0.1 X:0.5(ΔN/2)	保证领口线形状不变,ΔN=1
B		同 A	

领座推档图(图 7-85):

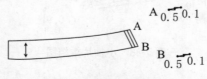

图 7-85　领座推档图

领座各放码点的位移情况（表 7-46）：

表 7-46　领底各放码点的位移情况 （cm）

放码点	位移方向	公　　式	备　　注
A	M L / S（示意图）	Y：0.1 X：0.5（ΔN/2）	保证领口线形状不变 ΔN=1
B	M L / S（示意图）	同 A	

小口袋盖推档图（图 7-86）：

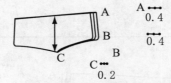

图 7-86　小口袋盖推档图

小口袋盖各放码点的位移情况（表 7-47）：

表 7-47　小口袋盖各放码点的位移情况 （cm）

放码点	位移方向	公　　式	备　　注
A	S M L	Y：0 X：0.4（ΔB/10，小口袋档差）	
B	S M L	同 A	
C	S M L	Y：0 X：0.2（小口袋档差/2）	

小口袋推档图（图 7-87）：

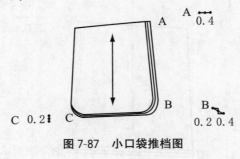

图 7-87　小口袋推档图

小口袋各放码点的位移情况（表 7-48）：

表 7-48　小口袋各放码点的位移情况　　　　　　　　　　　　　(cm)

放码点	位移方向	公　式	备　注
A	S M L	Y：0 X：0.4(△B/10，小口袋档差)	
B	S M L	Y：0.2 X：同 A	保"型"
C	S M L	Y：同 B X：0	

大口袋盖推档图（图 7-88）：

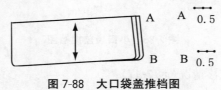

图 7-88　大口袋盖推档图

大口袋盖各放码点的位移情况（表 7-49）：

表 7-49　大口袋盖各放码点的位移情况　　　　　　　　　　　　(cm)

放码点	位移方向	公　式	备　注
A	S M L	Y：0 X：0.5(大口袋档差)	大口袋档差 0.5
B	S M L	同 A	

大口袋推档图（图 7-89）：

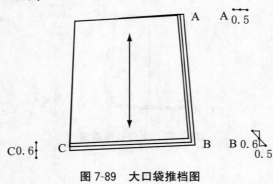

图 7-89　大口袋推档图

大口袋各放码点的位移情况(表 7-50):

表 7-50　大口袋各放码点的位移情况　　　　　　　　　　　　　　　　(cm)

放码点	位移方向	公　式	备　注
A	S M L	Y:0 X:0.5(大口袋档差)	大口袋档差 0.5
B	S M L	Y:0.6 X:同 A	保"型"
C	S M L	Y:同 B X:0	

注意:

①前片 K 点位于 B/4 处,故其 X 方向上的放码量应为 0.4(cm)=ΔB/4−0.6,既保型又保量。

②扣位放码量的确定:首粒扣随着领圈处 A 点的放码尺寸,末粒扣随着下面大口袋的放码而放码,即首粒扣与末粒扣之间的档差是 1.2(cm)=0.6+0.6,这五粒扣中每相邻的两粒扣之间的档差为 0.3(cm)=1.2/4。所以第二粒扣的放码量应取 0.3(cm)=0.6−0.3,第三粒扣的位置不变,因为其放码量应为 0=0.6−0.3×2,第四粒扣的位移为 0.3cm。

③省尖的上端放码量随第三粒扣,即位置在放码前后保持不变;而上口袋与第二粒扣的放码量一致。

六、裁剪样板和工艺样板

(一)裁剪样板

面子样板(图 7-90):

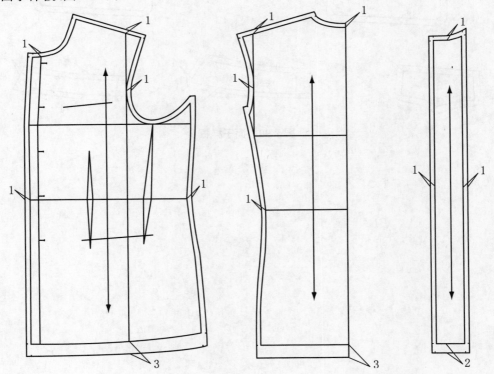

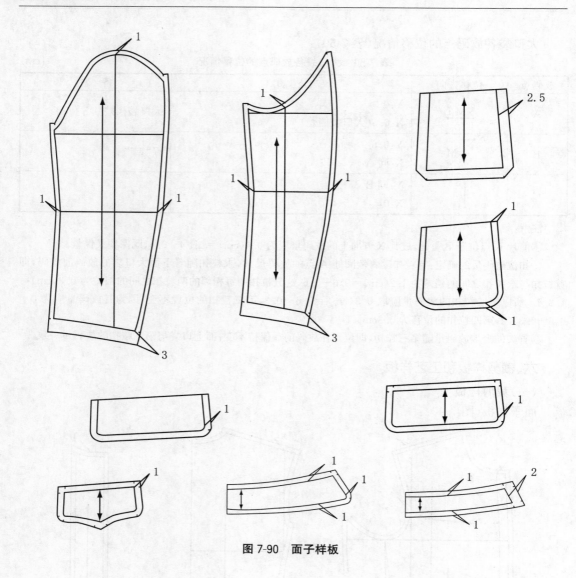

图 7-90　面子样板

（二）工艺样板（图 7-91）

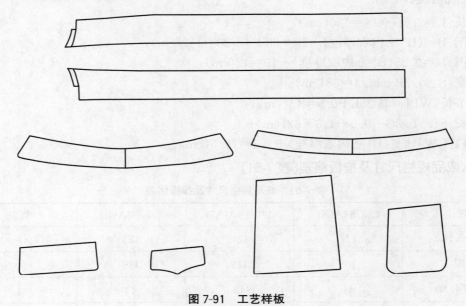

图 7-91　工艺样板

第七节　男风衣

一、款式特点（图 7-92）

翻折领、暗门襟、插肩袖、宽松衣身、男长风衣。

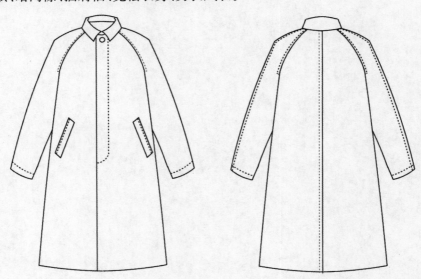

图 7-92　男风衣款式图

二、规格设计

衣长：L＝0.6G＋18＝120（cm）；

胸围：B＝（B*＋内衣厚度）＋20＝88＋4＋20＝112（cm）；

领围：N＝0.25（B*＋内衣厚度）＋19＝42（cm）；

肩宽：S＝0.3B＋14.4＝48（cm）；

腰节长：WLL＝0.25h＋0.5＝43（cm）；

袖长：SL＝0.3G＋9.5＋1.5＝62（cm）；

袖口：CW＝0.1（B*＋内衣厚度）＋7.3＝16.5（cm）。

三、成品规格尺寸及推板档差（表7-51）

表7-51　成品规格尺寸及推板档差　　　　　　　　　　（cm）

部位	165/84A(S)	170/88A(M)	175/92A(L)	档差
衣长（L）	117	120	123	3
胸围（B）	108	112	116	4
领围（N）	41	42	43	1
肩宽（S）	46.8	48	49.2	1.2
背长（BAL）	42	43	44	1
袖长（SL）	60.5	62	63.5	1.5
袖口宽（CW）	16	16.5	17	0.5

四、结构制图

第一步(图 7-93)：绘制上、下水平线，袖窿深线、腰节线；绘制前胸宽线、后背宽线；前后横开领、直开领。

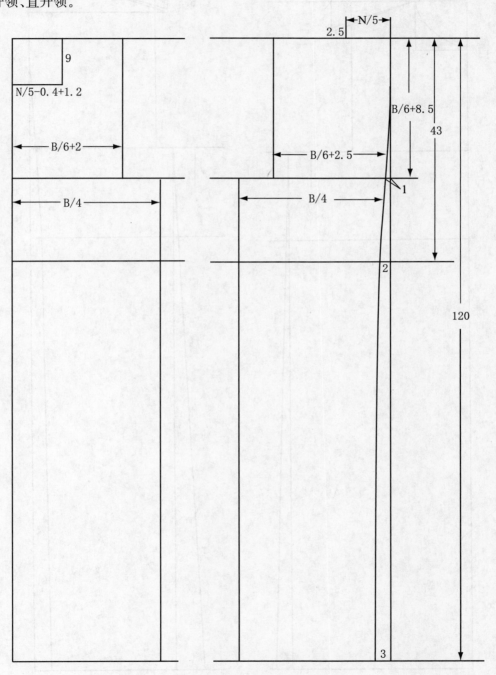

图 7-93　第一步

259

第二步(图 7-94):绘制肩线,确定肩点、前后领圈以及侧缝线。

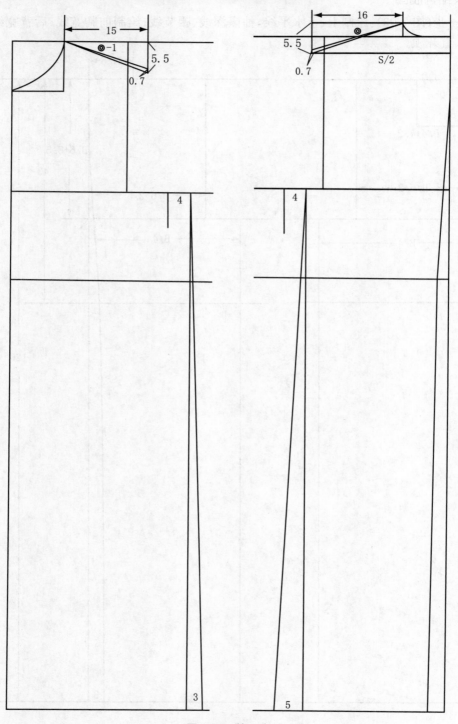

图 7-94 第二步

第三步(图 7-95):绘制袖子倾斜角度、袖长,再绘制袖肘线、袖口线及袖窿曲线等。

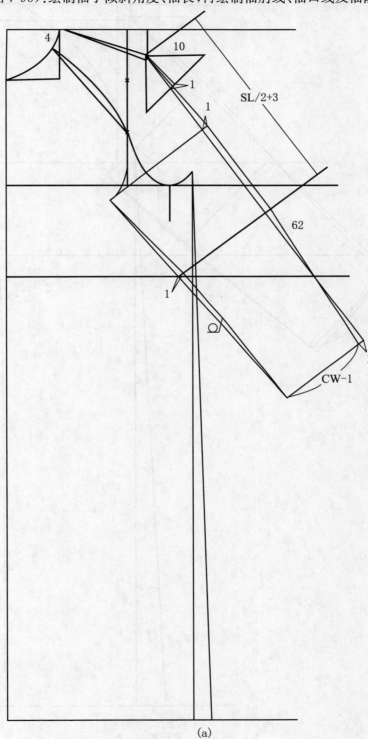

(a)

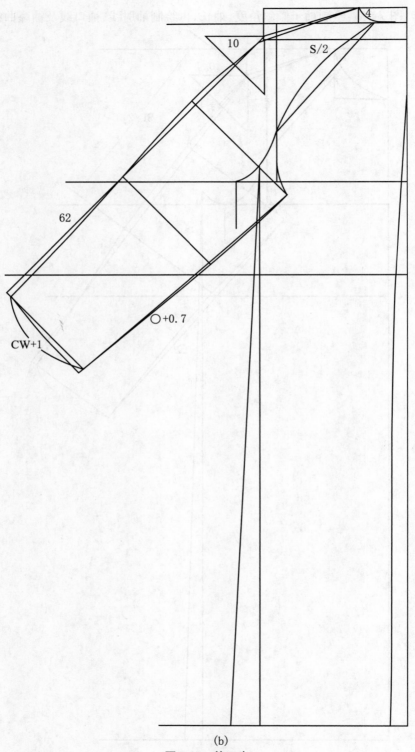

(b)

图 7-95　第三步

第四步(图 7-96):绘制前片口袋、纽眼位置、下摆,绘制领子,加深前后片结构轮廓线等。

(a)

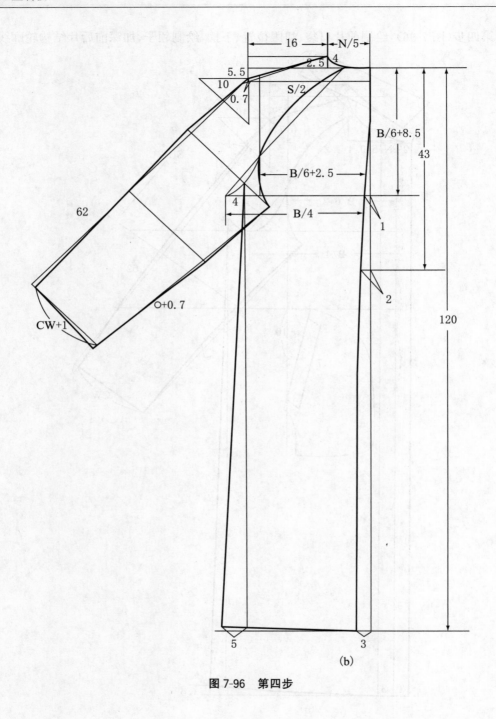

图 7-96　第四步

五、样板推档图(放码图)

前片整体推档图(图 7-97):

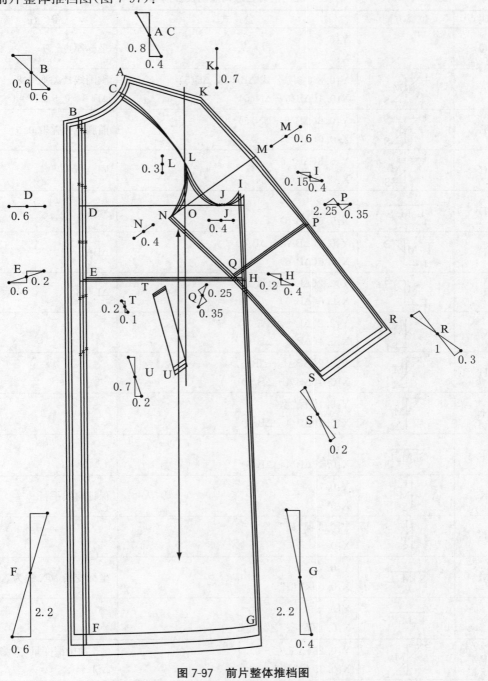

图 7-97 前片整体推档图

前片各放码点的位移情况(表 7-52):

表 7-52　前片各放码点的位移情况　　　　　　　　　　　　　　　　　(cm)

放码点	位移方向	公　式	备　注
O		Y:0 X:0	坐标原点
A	L M S	Y:0.8(参考公式 $\Delta B/6$ 或 $\Delta B/5$) X:0.4($\Delta B/6-\Delta N/5$)	胸围线档差取 0.8 $\Delta B/6=0.6,\Delta N=1$
B	L M S	Y:0.6($\Delta B/5-\Delta N/5$) X:0.6($\Delta B/6$)	前胸宽档差取 0.6
C	L M S	Y:0.8($\Delta B/5$) X:0.4($\Delta B/6-\Delta N/5$)	同 A
D	L M S	Y:0 X:0.6($\Delta B/6$)	
E	M S L	Y:0.2($\Delta BAL-\Delta B/5$) X:0.6($\Delta B/6$)	$\Delta BAL=1$
F	M S L	Y:2.2($\Delta L-\Delta B/5$) X:0.6($\Delta B/6$)	$\Delta L=3$
G	S M L	Y:2.2($\Delta L-\Delta B/5$) X:0.4($\Delta B/4-\Delta B/6$)	
H	S M L	Y:0.2($\Delta BAL-\Delta B/5$) X:0.4($\Delta B/4-\Delta B/6$)	
I	S M L	Y:0.15 保"型" X:0.4($\Delta B/4-\Delta B/6$)	
J	S M L	Y:0 X:0.4($\Delta B/4-\Delta B/6$)	
K	L M S	Y:0.7 X:0	保证肩线平行
L	L M S	Y:0.3 保"型" X:0	
M	S M L	Y:0 X:0.6 保"型"	坐标变换 MN 线为 X 袖
N	L M S	Y:0 X:0.4 保"型"、保"量"	
P	S M L	Y:0.25($\Delta SL/2-0.5$) X:0.35 保"型"	0.5 袖山深变量(实测) $\Delta SL=1.5$
Q	M S L	Y:0.25($\Delta SL/2-0.5$) X:0.35	同 P

放码点	位移方向	公　　式	备　　注
R	S／M／L	$Y:1(\Delta SL-0.5)$ $X:0.3(3/5\times\Delta CW)$	$\Delta CW=0.5$
S	M／S／L	$Y:1(\Delta SL-0.5)$ $X:0.2(2/5\times\Delta CW)$	
T	L／M／S	$Y:0.2(\Delta BAL-\Delta B/5)$ $X:0.1$	跟随腰节线 保"型"
U	L／M／S	$Y:0.7($口袋档差$+0.2)$ $X:0.2$	口袋档差$=0.5$ 保"型"

后片整体推档图(图7-98)：

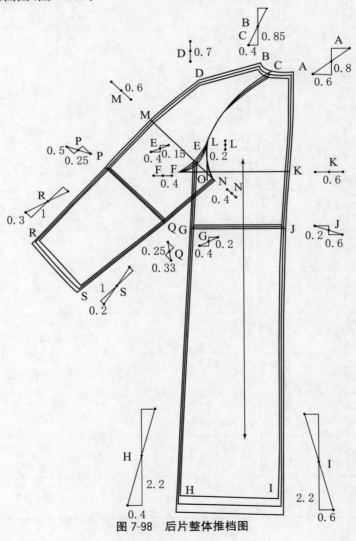

图7-98　后片整体推档图

后片各放码点的位移情况(表7-53):

表 7-53　后片各放码点的位移情况

(cm)

放码点	位移方向	公　式	备　注
O		Y:0 X:0	坐标原点
A		Y:0.8(参考公式 ΔB/6 或 ΔB/5) X:0.6(ΔB/6)	胸围线档差取 0.8 后背宽档差取 0.6
B		Y:0.85(ΔB/ 5+ΔN/15) X:0.4(ΔB/6−ΔN/5)	ΔN=1 后背宽档差取 0.6
C		Y:0.85(ΔB/ 5+ΔN/15) X:0.4(ΔB/6−ΔN/5)	同 B
D		Y:0.7 保证肩线平行 X:0	肩宽变量与后背宽档差相等
E		Y:0.15(与前片对位) X:0.4(ΔB/4−ΔB/6)	
F		Y:0 X:0.4(ΔB/4−ΔB/6)	此点可省略
G		Y:0.2(ΔBAL−ΔB/5) X:0.4(ΔB/4−ΔB/6)	ΔBAL=1
H		Y:2.2(ΔL−ΔB/5) X:0.4(ΔB/4−ΔB/6)	ΔL=3
I		Y:2.2(ΔL−ΔB/ 5) X:0.6(ΔB/6)	
J		Y:0.2(ΔBAL−ΔB/5) X:0.6(ΔB/6)	
K		Y:0 X:0.6(ΔB/6)	
L		Y:0.2 保"型" X:0	
M		Y:0 X:0.6 保"型"	坐标变换 MN 线为 X 袖
N		Y:0 X:0.4 保"型"、保"量"	
P		Y:0.25(ΔSL/2−0.5) X:0.5	ΔSL=1.5 保"型"
Q		Y:0.25(ΔSL/2−0.5) X:0.33	保"型"

放码点	位移方向	公　　式	备　　注
R		$Y:1(\Delta SL-0.5)$ $X:0.3(3/5\times\Delta CW)$	0.5 袖山深变量(实测) $\Delta CW=0.5$
S		$Y:1$ $X:0.2$	

领子推档图(图 7-99):

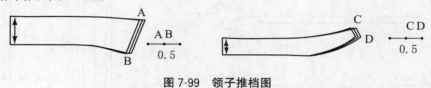

图 7-99　领子推档图

领子各放码点的位移情况(表 7-54):

表 7-54　领子各放码点的位移情况　　　　　　　　(cm)

放码点	位移方向	公　　式	备　　注
A	S M L	$Y:0$ $X:0.5(\Delta N/2)$	$\Delta N=2$
B	S M L	$Y:0$ $X:0.5(\Delta N/2)$	
C	S M L	$Y:0$ $X:0.5(\Delta N/2)$	
D	S M L	$Y:0$ $X:0.5(\Delta N/2)$	

口袋推档图(图 7-100):

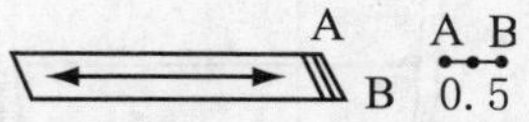

图 7-100　口袋推档图

口袋各放码点的位移情况(表 7-55):

表 7-55　口袋各放码点的位移情况　　　　　　　　(cm)

放码点	位移方向	公　　式	备　　注
A	S M L	$Y:0$ $X:0.5(大口袋档差)$	大口袋档差$=0.5$
B	S M L	$Y:0$ $X:0.5(大口袋档差)$	

注意:

扣位放码量的确定:首粒扣随着领圈处 B 点的放码尺寸,首粒扣与末粒扣之间的档差为 1.2(cm)=0.6+0.6,这五粒扣中每相邻的两粒扣之间的档差为 0.3(cm)=1.2/4。所以第二粒扣中放码量应取 0.3(cm)=

0.6－0.3,第三粒扣的位置不变,因为其放码量应为 0(cm)＝0.6－0.3×2,第四粒扣的位移为 0.3cm,第五粒扣的位移为 0.6cm。

六、裁剪样板和工艺样板

(一)裁剪样板

面子样板(图 7-101):

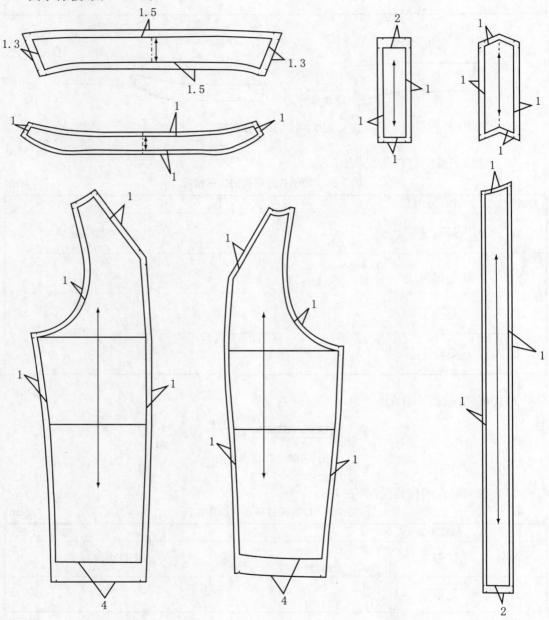

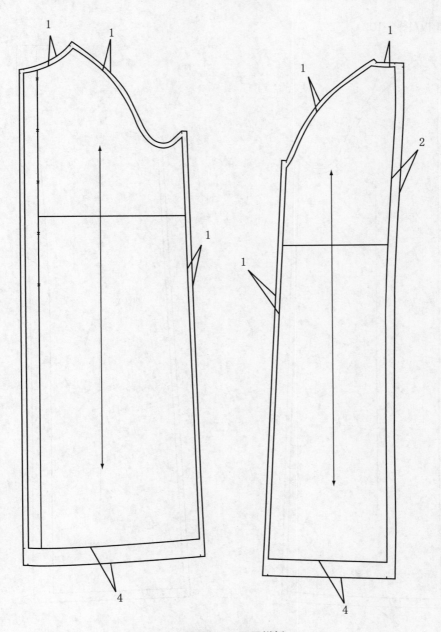

图 7-101　面子样板

里子样板(图 7-102):

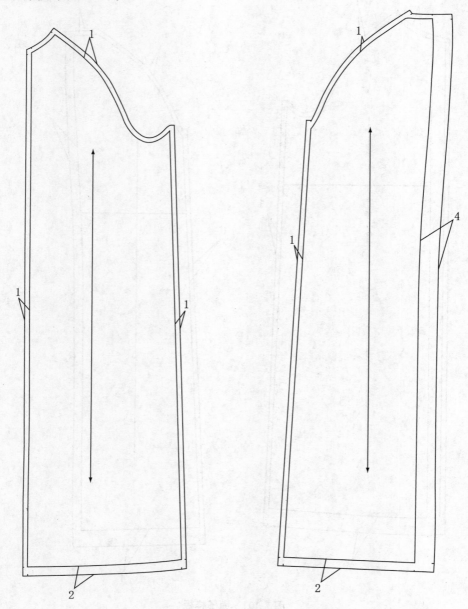

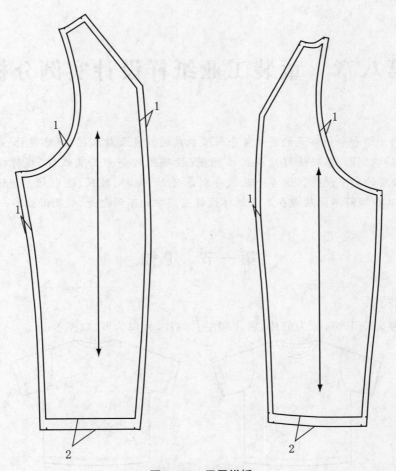

图 7-102　里子样板

(二)工艺样板(图 7-103)

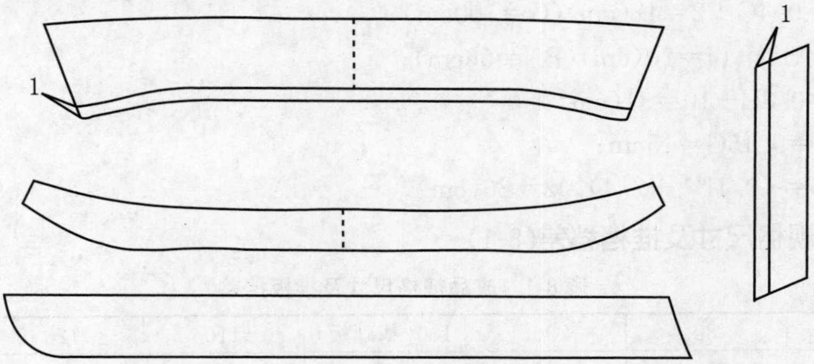

图 7-103　工艺样板

第八章　童装工业纸样设计实例分析

本章分别介绍和分析常见的童装 4 个服装款式的特点及款式图、规格设计、成品规格尺寸及推档档差、结构制图(基础纸样)、样板推档图(放码图)、全套工业纸样(裁剪样板和工艺样板),并配有必要的文字说明。这 4 个款式分别是 T 恤、短裤、披风、连衣裙。通过分析比较各种款式特点,从中理解不同款式在工业纸样设计应用中的不同之处,从而做到举一反三。

第一节　T 恤

一、款式特点

该款式为童装 T 恤,分为前片、后片和左右袖片,领口为罗纹(图 8-1)。

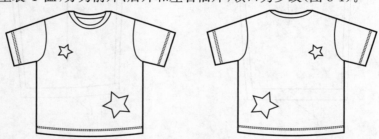

图 8-1　童装 T 恤款式图

二、规格设计

衣长:$L=0.4G+2=42(cm)(G=100cm)$;

胸围:$B=B^*+14=70(cm)(B^*=56cm)$;

肩宽:$S=0.3B+10=31(cm)$;

袖长:$SL=0.15G=15cm$;

袖口:$CW=(0.1B^*+7.4)\times2=26(cm)$。

三、成品规格尺寸及推档档差(8-1)

表 8-1　成品规格尺寸及推板挡差　　　　　　　　　　(cm)

部位	80	90	100(基础板)	110	120	档差
后中长(BAL)	36	39	42	45	48	3
胸围(B)	62	66	70	74	78	4
肩宽(S)	28.2	29.6	31	32.4	33.8	1.4
袖长(SL)	13	14	15	16	17	1
袖口(CW)	24	25	26	27	28	1

四、结构制图

第一步：绘制基准线，包括衣长线、后中线、胸围线、上衣基本线、前领深线、前领宽线、后领深线、后领宽线、前胸宽线、后背宽线、摆缝线（图 8-2）。

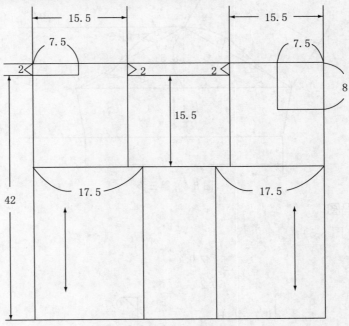

图 8-2　第一步

第二步：确定前后肩斜线、袖窿弧线、前领弧线、后领弧线、下摆线（图 8-3）。

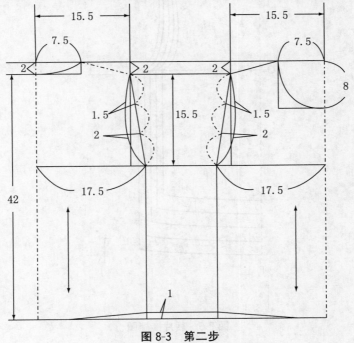

图 8-3　第二步

第三步：绘制袖长线、袖口线、袖肥线、袖中线,确定前后袖山弧线(图 8-4)。

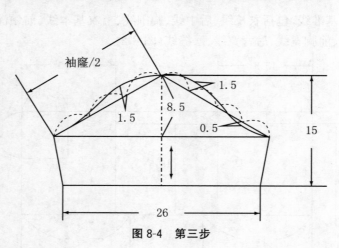

图 8-4　第三步

五、推档放码图

后片推档图(图 8-5)：

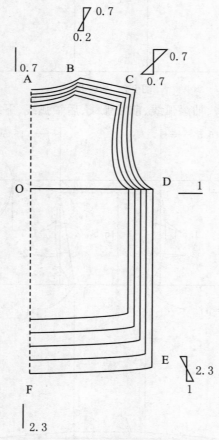

图 8-5　后片推档图

后片各放码点的位移情况(表8-2):

表8-2 后片各放码点的位移 (cm)

放码点	位移方向	公式	备注
O		Y:0 X:0	坐标原点
A	0.7	Y:0.7($\triangle$B/6=0.66,取0.7) X:0	$\triangle$B=4
B	0.7 0.2	Y:0.7(同A) X:0.2	
C	0.7 0.7	Y:0.7(同A) X:0.7($\triangle$S/2)	$\triangle$S=1.4
D	1	Y:0 X:1($\triangle$B/4=1)	$\triangle$B=4
E	2.3 1	Y:2.3($\triangle$L−0.7) X:1	$\triangle$L=3 保"型"
F	2.3	Y:2.3(同E) X:0	

前片推档图(图8-6):

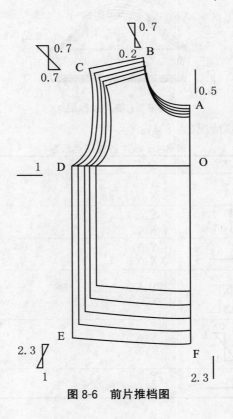

图8-6 前片推档图

前片各放码点位移情况（表 8-3）：

表 8-3　前片各放码点位移　　　　　　　　　　　　　　　　　(cm)

放码点	位移方向	公式	备注
O		Y:0 X:0	坐标原点
A	∣ 0.7	Y:0.5(0.7−0.2) X:0	△B=4
B	0.7 ／ 0.2	Y:0.7 X:0.2	
C	0.7 ／ 0.7	Y:0.7 X:0.7	△S=1.4
D	— 1	Y:0 X:1(△B/4=1)	△B=4
E	2.3 ／ 1	Y:2.3(△L−0.7) X:1	△L=3 保"型"
F	∣ 2.3	Y:2.3(同E) X:0	

袖片推档图（图 8-7）：

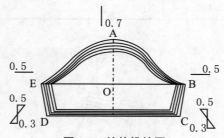

图 8-7　袖片推档图

袖片各放码点位移情况（表 8-4）：

表 8-4　袖片各放码点位移　　　　　　　　　　　　　　　　　(cm)

放码点	位移方向	公式	备注
O		Y:0 X:0	坐标原点
A	∣ 0.7	Y:0.7 X:0	
B	— 0.5	Y:0 X:0.5	
C	0.5 ／ 0.3	Y:0.3(△SL−0.7) X:0.5(△CW/2)	△SL=1 △CW=1
D	0.5 ／ 0.3	Y:0.3 X:0.5	△B=4
E	— 0.5	Y:0 X:0.5	

六、裁剪样板(图 8-8)

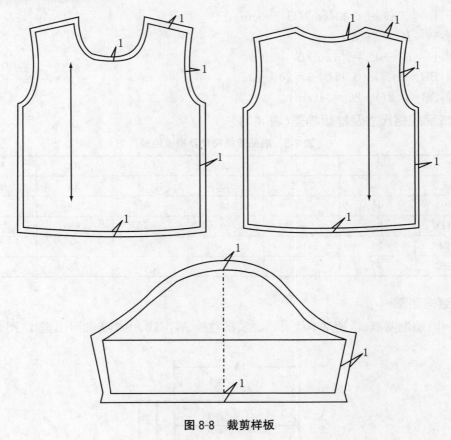

图 8-8　裁剪样板

第二节　短裤

一、款式特点

该款式为童装短裤,腰部为橡筋抽褶,抽绳设计(图 8-9)。

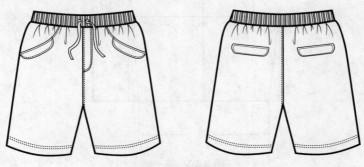

图 8-9　短裤款式图

二、规格设计

裤长：L＝0.3G＋6＝30(cm)(G＝80cm)；

腰围：W＝B*＝48cm；

臀围：H＝B*＋12＝60(cm)；

上裆：BR＝0.1G＋0.1H＋6＝20(cm)；

裤脚：SB＝0.2H＋22＝34(cm)。

三、成品规格尺寸及推板档差(表8-5)

表 8-5　成品规格尺寸及推板档差　　　　　　　　　　　　　　　　(cm)

部位	60	70	80(基础板)	90	100	档差
裤长(TL)	25	27.5	30	32.5	35	2.5
腰围(W)	44	46	48	50	52	2
臀围(H)	52	56	60	64	68	4
上裆(BR)	18	19	20	21	22	1
裤脚(SB)	30	32	34	36	38	2

四、结构制图

第一步：绘制基准线，裤基本线、裤长线、横裆线、臀围线、中裆线和臀围宽线(图 8-10)。

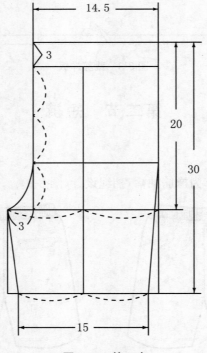

图 8-10　第一步

第二步：以前片为基础，绘制后片（图 8-11）。

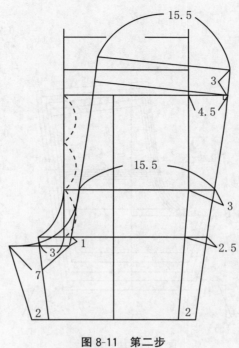

图 8-11　第二步

第三步：绘制对应腰头（图 8-12）。

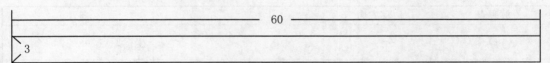

图 8-12　第三步

五、推档放码图

后片推档图（图 8-13）：

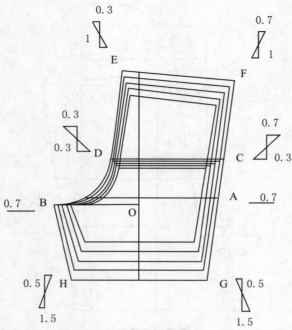

图 8-13　后片推档图

后片各放码点位移情况（表 8-6）：

表 8-6　后片各放码点位移　　　　　　　　　　　　　　　　　　（cm）

放码点	位移方向	公式	备注
O		Y：0 X：0	坐标原点
A	0.7	Y：0 X：0.7(△H/4＋0.1△H)/2	△H＝4
B	0.7	Y：0 X：0.7(△H/4＋0.1△H)/2	△H＝4
C		Y：0.3(△BR/3) X：0.7(同 A)	△BR＝1,保证侧缝型不变
D		Y：0.3(同 C) X：0.3(△H/4－0.7)	
E		Y：1(△BR＝1) X：0.3(同 D)	保证前裆线型不变
F		Y：1(同 E) X：0.7(△W/4－0.3)	△W＝1

（续表）

放码点	位移方向	公式	备注
G	0.5 ／ 1.5	Y：1.5($\triangle$TR－$\triangle$BR) X：0.5($\triangle$SB/2)	$\triangle$TR＝2.5 $\triangle$SB＝1
H	0.5 ／ 1.5	Y：1.5(同G) X：0.5($\triangle$SB/2)	

前片推档图（图 8-14）：

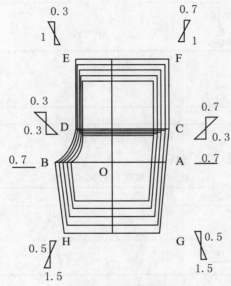

图 8-14　前片推档图

前片各放码点位移情况（表 8-7）：

表 8-7　前片各放码点位移　　　　　　　　　　　　　　　　　　　　（cm）

放码点	位移方向	公式	备注
O		Y：0 X：0	坐标原点
A	0.7	Y：0 X：0.7($\triangle$H/4＋0.1$\triangle$H)/2	$\triangle$H＝4
B	0.7	Y：0 X：0.7($\triangle$H/4＋0.1$\triangle$H)/2	$\triangle$H＝4
C	0.7 ／ 0.3	Y：0.3($\triangle$BR/3) X：0.7(同A)	$\triangle$BR＝1,保证侧缝型不变
D	0.3 ／ 0.3	Y：0.3(同C) X：0.3($\triangle$H/4－0.7)	

（续表）

放码点	位移方向	公式	备注
E	0.3 1	Y：1（△BR＝1） X：0.3（同 D）	保证前裆线型不变
F	0.7 1	Y：1（同 E） X：0.7（△W/4−0.3）	△W＝1
G	0.5 1.5	Y：1.5（△TR−△BR） X：0.5（△SB/2）	△TR＝2.5 △SB＝1
H	0.5 1.5	Y：1.5（同 G） X：0.5（△SB/2）	

腰头推档图（图 8-15）：

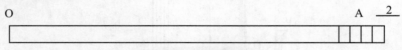

图 8-15　腰头推档图

腰头各放码点位移情况（表 8-8）：

表 8-8　腰头各放码点位移 (cm)

放码点	位移方向	公式	备注
O		Y：0 X：0	坐标原点
A	0.25	Y：0 X：2（△W）	△W＝2

六、裁剪样板（图 8-16）

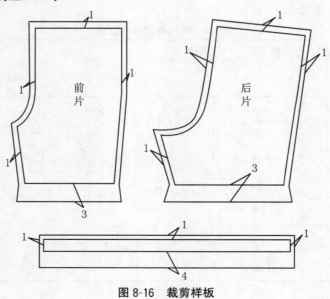

图 8-16　裁剪样板

284

第三节　女童披风

一、款式特点

该款式为一款女童披风,前中开扣(图8-17)。

图8-17　女童披风款式图

二、规格设计

衣长:$L=0.4G-3=29$(cm) ($G=80$cm);

胸围:$B=B^*+12=60$(cm)($B^*=48$cm);

肩宽:$S=0.3B^*+10.6=25$(cm);

袖长:$SL=0.3G+1=25$(cm);

颈围:$N=0.25B^*+24.5=36.5$(cm)。

三、成品规格尺寸及推板档差(表8-9)

表8-9　成品规格尺寸及推板档差　　　　　　　　　　　　　　　(cm)

部位	60	70	80(基础版)	90	100	档差
衣长(L)	23	26	29	32	35	3
胸围(B)	52	56	60	64	68	4
肩宽(S)	21	23	25	27	29	2
袖长(SL)	21	23	25	27	29	2
颈围(N)	34.5	35.5	36.5	37.5	38.5	1

四、结构制图(图 8-18)

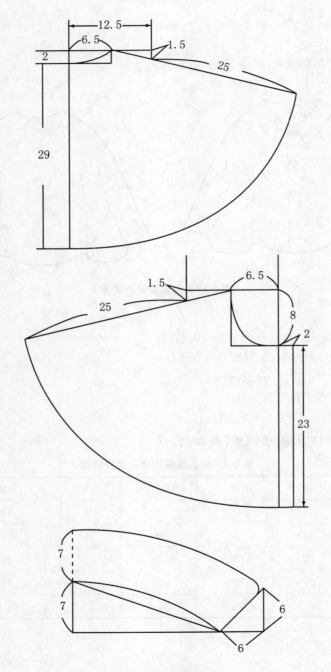

图 8-18　结构制图

五、推档放码图

后片推档图（图 8-19）

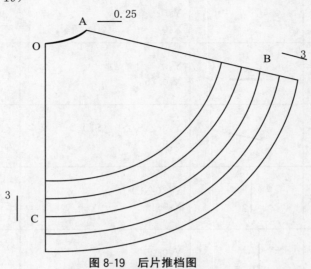

图 8-19　后片推档图

表 8-10　后片各放码点位移

放码点	位移方向	公式	备注
O		Y：0 X：0	坐标原点
A	0.25	Y：0 X：0.25	△B=4
B	3	Y：3(△S/2+△SL) X：0	△S=2 △SL=2
C	3	Y：3(△L) X：0	△L=3

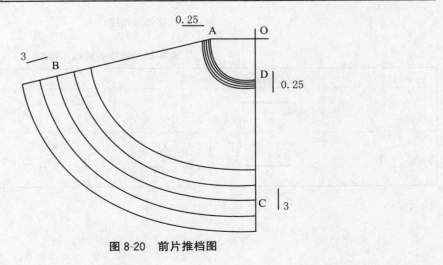

图 8-20　前片推档图

表 8-11　前片各放码点位移

放码点	位移方向	公式	备注
O		Y：0 X：0	坐标原点
A	0.25	Y：0 X：0.25	△B=4
B	3	Y：3(△S/2+△SL) X：0	△S=2 △SL=2
C	3	Y：3(△L) X：0	△L=3
D	0.25	Y：0.25 X：0	△B=4

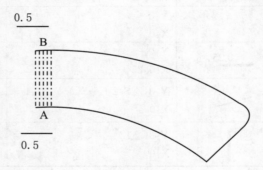

图 8-21　领部推档图

表 8-12　领部各放码点位移

放码点	位移方向	公式	备注
A	0.5	Y：0 X：0.5(△N/2)	△N=1
B	0.5	Y：0 X：0.5(△N/2)	△N=1

六、裁剪样板(图 8-22)

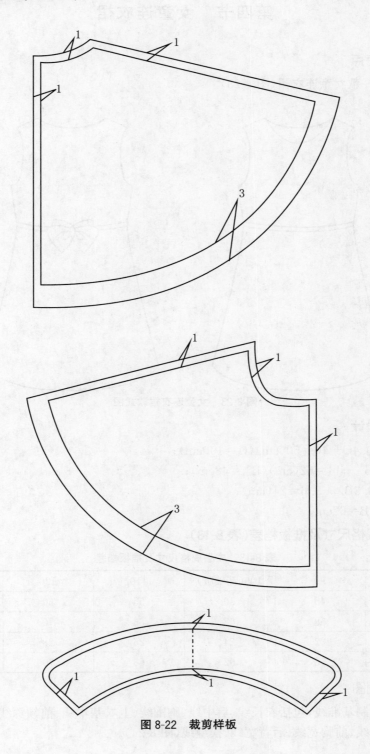

图 8-22　裁剪样板

第四节　女童连衣裙

一、款式特点

该款式为一款女童连衣裙(图8-23)。

图 8-23　女童连衣裙款式图

二、规格设计

衣长：$L=0.4G+10=50(cm)(G=100cm)$；

胸围：$B=B^*+14=62(cm)(B^*=48cm)$；

肩宽：$S=0.3B^*+9.6=24(cm)$；

腰围：$W=B=62cm$。

三、成品规格尺寸及推板档差(表8-13)

表 8-13　成品规格尺寸及推板档差　　　　　　　　　　　　　　　　　(cm)

部位	90	100(基础版)	110	120	档差
衣长(L)	45	50	55	60	5
胸围(B)	58	62	66	70	4
肩宽(S)	22	24	26	28	2
腰围(W)	58	62	66	70	4

四、结构制图

第一步：绘制基准线，包括衣长线、后中线、胸围线、上衣基本线、前领深线、前领宽线、后领深线、后领宽线、前胸宽线、后背宽线、摆缝线(图8-24)。

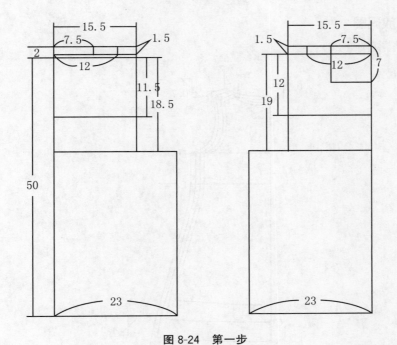

图 8-24 第一步

第二步:确定前后肩斜线、袖窿弧线、前领弧线、后领弧线、下摆线(图 8-25)。

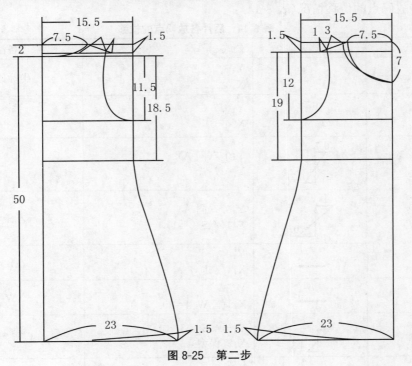

图 8-25 第二步

五、推档放码图

后片推档图（图 8-26）：

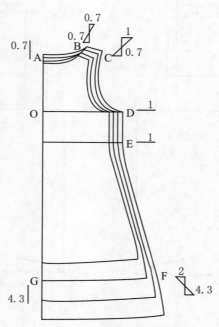

图 8-26　后片推档图

后片各放码点的位移情况（表 8-14）：

表 8-14　后片各放码点的位移

放码点	位移方向	公式	备注
O		Y：0 X：0	坐标原点
A	0.7	Y：0.7 X：0	
B	0.7 0.7	Y：0.7（同 A） X：0.7	△S＝2
C	1 0.7	Y：0.7（同 A） X：1（△S/2＝1）	△S＝2
D	1	Y：0 X：1（△B/4＝1）	△B＝4
E	1	Y：0 X：1（△W/4＝1）	△W＝4
F	2 4.3	Y：－4.3（△L－0.7） X：2（保型）	△L＝5
G	4.3	Y：4.3 X：0	

前片推档图(图 8-27)：

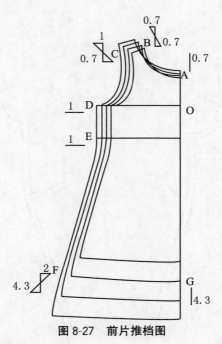

图 8-27　前片推档图

前片各放码点的位移情况：

表 8-15　前片各放码点的位移

放码点	位移方向	公式	备注
O		Y：0 X：0	坐标原点
A	0.7	Y：0.7 X：0	
B	0.7 / 0.7	Y：0.7(同 A) X：0.7	△S=2
C	1 / 0.7	Y：0.7(同 A) X：1(△S/2=1)	△S=2
D	1	Y：0 X：1(△B/4=1)	△B=4
E	1	Y：0 X：1(△W/4=1)	△W=4
F	2 / 4.3	Y：−4.3(△L−0.7) X：2(保型)	△L=5
G	4.3	Y：4.3 X：0	

293

六、裁剪样板(图 8-29)

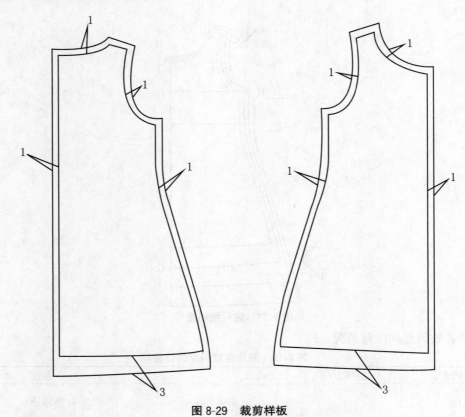

图 8-29　裁剪样板

第九章　排料与算料的原理和技巧

　　本章节主要叙述服装工业纸样设计中的排料与算料在服装工业化生产中的重要意义,提出了排料工艺的基本要求、特殊衣料的排料方法、画样的几种方式和不同款式的实际排料图。

　　服装工业化生产的目的是合理地利用生产条件充分提高生产效率,有效节约原材料。排料与算料是服装工业生产的重要部分,也是服装工业纸样设计中不可缺少的一个部分。合理地进行排料与算料是控制成本、降低损耗、提高利润的有效方法;反之,将造成不可弥补的经济损失。因此,掌握排料与算料的使用方法对于服装工业生产中原材料的节约具有举足轻重的作用。

第一节　排料的原理与技巧

一、排料的意义

　　简单地说,排料就是制定出用料定额。服装工业化生产中面辅料的裁剪实行批量裁剪,它不同于单件的量体裁衣排料,它需运用全套的号型规格样板,按照既定的号型搭配比例和色码等生产要求,进行周密的计算与科学合理的套排、画样,并做出裁剪下料的具体设计方案,使服装工业化生产能够根据现今小批量、多品种的市场需求及时调整,对于我国服装工业进入从设计到成衣制作高速化、自动化、高效率的新时代,有着举足轻重的作用。

二、排料工艺的基本要求

　　1. 保证面料正反一致和衣片左右对称

　　大多数服装面料都具有正反面,而服装制作的要求一般是使用面料的工艺正面作为服装的表面。同时,服装结构中有许多衣片具有对称性,例如上衣的袖子、裤子的前后片等。因此,排料就是要既保证面料正反一致,又要保证衣片的对称,避免出现"一顺"现象。

　　2. 保证面料丝缕和方向的正确

　　服装面料是有方向性的。其方向性表现在两个方面:

　　其一,面料有经向、纬向和斜向之分。在服装制作过程中,不同特性面料的经向和纬向表现出不同的性能。例如,经向挺拔垂直,不易伸长变形;纬向略有伸长;斜向易变形但围成圆势时自然、丰满。因此不同衣片在用料上有直料、横料与斜料之分。一般情况下,在排料时,应根据样板上标出的经纱方向,把它与布料的布边方向平行一致,如有偏差需在国家规定的范围之内。

　　其二,当从两个相反方向观看面料表面状态时,具有不同的特征和规律。例如:表面起绒或起毛的面料,沿经向毛绒的排列就具有方向性,不同方向的手感也不相同,即倒顺毛现象；当从不同方向看面料时，还会发现不同的光泽、色泽或闪光效应；有些条格面料，颜色的搭配或者条格的变化也有方向性；还有些面料的图案花纹也具有方向性。因此，对于具有方向性的面料，排料时就要特别注意衣片的方向问题，要按照设计和工艺要求，保证衣片外观的一致和对称，避免图案倒置。

3. 拼接互借符合国家标准规定

服装的主附件、零部件，在不影响产品标准、规格、质量要求的情况下，允许拼接互借，但要符合国家标准规定。在有潜力可挖的情况下，尽量不拼接，以减少缝制工作量，提高效率。具体要求示例如下：

1）上衣、大衣的挂面允许在门襟最末一粒扣下 2cm 处拼接，但不能短于 15cm。

2）西装上衣的领里可以斜料对接，但只限于后领部位。

3）衬衫胸围前后身可以互借，但袖窿保持原板不变，前身最好不要借；袖子允许拼接，但不大于袖围的 1/4。

4）男女裤的后裆允许拼角，但长度不超过 20cm，宽度在 3cm 和 7cm 之间。

4. 节约用料

在保证设计和制作工艺要求的前提下，尽量减少面料的用量是排料时应遵循的重要原则。

服装的成本，很大程度上在于面料的用量多少，而决定面料用量多少的关键是排料方法。排料的目的之一，就是要找出一种用料最省的样板排放形式。以下一些方法对提高面料利用率、节约用料是行之有效的。

1）齐边平靠，紧密套排

样板形状各异，其边线有直、有斜、有弯、有凹凸等等。齐边平靠是指样板有平直边的部件。平贴于衣料的一边或者两条直边相靠。其他形状的边线采取斜边颠倒，弯弧相交，凹凸互套的方法，紧密套排，尽量减少样板间的空隙，充分利用面料。

2）大片定局，小片填空

排料时，先将主要部件、大部件按前述方法，大体上两边排齐，两头摆满，形成基本格局，然后再用零部件、小片样板填满空隙。

3）缺口合拼，巧作安排

有的样板具有凹状缺口，但有时缺口内又不能插入其他部件。此时可将两片样板的缺口拼合在一起，使两片之间的空隙加大，安排放入小片样板，巧妙安排，节省面料。

4）大小搭配，合理排放

当同时要排几件时，应将大小不同规格的样板相互搭配，统一排放，使样板不同规格之间可以取长补短，实现合理用料。

要做到充分节约面料，排料时就必须根据上述方法反复进行试排，不断改进，最终选出最合理的排料方案。

综上所述，排料要求：部件齐全，排列紧凑，套排合理，丝缕正确，拼接适当，减少空隙，两端齐口（布料两边不留空当），既要符合质量要求，又要节约原料。

三、特殊衣料的排料

1. 倒顺毛、倒顺光衣料的排料

1）倒顺毛衣料排料。倒顺毛是指织物表面绒毛有方向性的倒状。排料分三种情况处理：

　　a. 对于绒毛较长、倒状较重的衣料，必须顺毛排料。

　　b. 对于绒毛较短的织物，为了毛色顺，采用倒毛（逆毛向上）排料。

　　c. 对一些绒毛倒向较轻或成衣无严格要求的衣料，为了节约衣料，可以一件倒排、一件顺排进行套排。

　　但是，在同一件产品中的各个部件、零件中，应倒顺向一致，不能有倒有顺。成品的领面翻下后与后衣身毛向一致。

　　2）倒顺光排料。有一些织物，虽然不是绒毛状的，但由于整理时轧光等关系，有倒顺光，即织物的倒与顺两个方向的光泽不同。采用逆光向上排料以免反光，不允许在一件服装上有倒光、顺光的排料。

　　2. 倒顺花衣料的排料

　　倒顺花衣料是花型图案，具有明显方向性和有规则排列形式的服装面料。如人像、山、水、桥、亭、树等不可以倒置的图案以及用于女裙、女衫等专用的花型图案。这种花型图案衣料的排料要根据花型特点进行，不可随意放置样板。

　　3. 对条对格衣料的排料

　　设计服装款式时，对于条格面料两片衣片相接时有一定的设计要求。有的要求两片衣片相接后面料的条格连贯衔接，如同一片完整面料；有的要求两片衣片相接后条格对称；也有的要求两片衣片相接后条格相互成一定角度，等等。除了连接的衣片外，有的衣片本身也要求面料的条格图案成对称状。因此，在条格面料的排料中，需将样板按设计要求排放在相应部位，达到服装造型设计的要求。

　　4. 对花衣料的排料

　　对花是指衣料上的花型图案，经过缝制成为服装后，其明显的主要部位组合处的花型图案仍要保持一定程度的完整性或一定的排列方式。对花的花型，是丝织品上较大的团花。如龙、凤及福、禄、寿字等不可分割的团花图案。对花是我国传统服装的特点之一。排料时要计算好花型的组合，应首先安排好胸部、背部花型图案的上下位置和间隔，以保持花型完整。

　　5. 色差衣料的排料

　　色差即衣料各部位颜色深浅存在差异，由印染过程中的技术问题所引起。常见布料色差问题为同匹衣料左右色差（称为边色差）；同匹衣料前后段色差（称为段色差）。

　　当遇到有色差的面料时，在排料过程中必须采取相应的措施，避免在服装产品上出现色差。有边色差的面料，排料时应将相组合的部件靠同一边排列，零部件尽可能靠近大身排列。有段色差的面料，排料时应将相组合的部件尽可能排在同一纬向上，同件衣服的各片排列时不应前后间隔距离太大，距离越大，色差程度就会越大。

　　四、画样

　　排料的结果要通过画样绘制出裁剪图，以此作为裁剪工序的依据。画样的方式有以下几种。

　　1. 纸皮画样

　　排料在一张与面料幅宽相同的薄纸上进行，排好后用铅笔将每个样板的形状画在各自排定的部位便得到一张排料图。裁剪时,将这张排料图铺在面料上,沿着图上的轮廓线与面料一起裁剪,此排料图只可使用一次。采用这种方式,画样比较方便。

2. 面料画样

将样板直接在面料上进行排料,排好后用画笔将样板形状画在面料上,铺布时将这块画料铺在最上层,按面料上画出的样板轮廓线进行裁剪。这种画样方式节省了用纸,但遇颜色较深的面料时,画样不如纸皮画样清晰,并且不易改动,需要对条格的面料则必须采用这种画样方式。

3. 漏板画样

排料在一张与面料幅宽相等、平挺光滑、耐用不缩的纸板上进行。排好后先用铅笔画出排料图,然后按画线准确打出细密小孔,得到一张由小孔连线而成的排料图,此排料图称为漏板。将此漏板铺在面料上,用小刷子沾上粉末,沿小孔涂刷,此粉末漏过小孔,在面料上显出样板的形状,作为开裁的依据。采用这种画样方式制成的漏板可多次使用,适合大批量服装产品的生产。

4. 计算机画样(服装 CAD)

将样板形状输入电子计算机,利用计算机进行排料,排好后可由计算机控制的绘图机把结果自动绘制成排料图。计算机排料又可分为自动排料和手工排料。计算机自动排料,速度快,可大大节省技术人员的工作时间,提高生产效率,但其缺点是材料利用率低,一般不采用。因此,在实际生产中常采用人工设计排料与计算机排料相结合的方式绘制排料图,这样既能节省时间又能提高面料利用率。

排料图是裁剪工序的重要依据,因此要求画得准确清晰。手工画样时,样板要固定不动,紧贴面料或图纸,手持画样,紧靠样板轮廓连贯画样,使线迹顺直圆滑,无间断,无双轨线迹。如有修改,要清除原迹或作出明确标记,以防误认。画样的颜色要明显,但要防止污染面料。

第二节 算料的原理与技巧

算料即工业生产排料的用料计算,是衡量排料结果是否合理的基本依据。通常有三种计算方法与衡量指标。

一、按排料长度计算平均单耗

对于一幅排料图先测量其长度,再除以排料件数,即得到平均单耗数。常用于相同幅宽的排料平均单耗对比。

二、按排料面积计算平均单耗

将排料图的长度和衣料幅宽相乘得到用料面积,再用用料面积除以排料件数得到每件平均单耗。可用于相同幅宽或任意幅宽的每件平均单耗对比。

三、计算材料利用率

材料利用率是指排料图中所有衣片、部件所占实际面积与排料用料总面积的比例。以材料利用率进行同产品耗料对比更为精确。

材料利用率的计算:

(1)材料利用率＝衣片消耗实际面积/排料用料总面积×100％;

(2)材料利用率＝衣片实际消耗用料的重量/排料用料的总重量×100％;

(3)计算机排料后自动算出面料利用率。

总之,服装的排料与算料和多种因素有关,除了上述情况之外,还与服装款式的特点、服装规格的尺寸、服装面料的门幅、服装定单的色号比例等相关。因此,在实际生产中要综合考虑各方面的因素,才能合理地做好此项工作。

以下是上述章节中 14 个不同款式、不同规格尺寸、不同门幅的排料图。

(一)直筒裙——大、中、小号三条套排(图 9-1)

门幅:72cm(双幅);全长:188.42cm;单耗:62.81cm;使用率:81.74％。

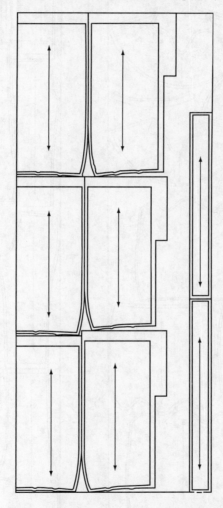

图 9-1 直筒裙——大、中、小号三条套排

(二)变化裙——大、中、小号三条套排(图 9-2)

门幅:112cm;全长:297.29cm;单耗:99.1cm;使用率:70.35％。

（三）女西裤（图 9-3）

1. 大、中、小号三条套排

门幅：112cm；全长：399.62cm；单耗：133.21cm，使用率：78.26%。

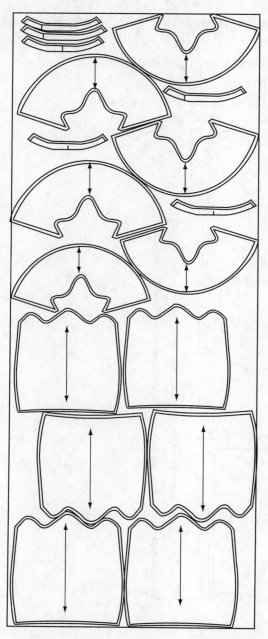
图 9-2　变化裙——大、中、小号三条套排

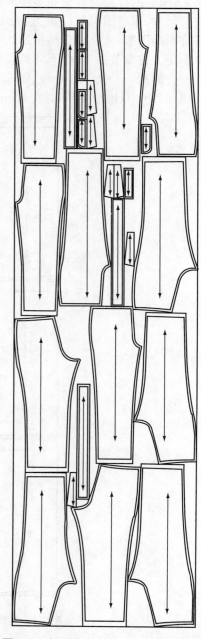
图 9-3　女西裤——大、中、小号三条套排

2.中号两条套排(图 9-4)

门幅:72cm(双幅);全长:200.25cm;单耗:100.13cm;使用率:78.87%。

(四)男西装、男西裤、男背心三件套排(图 9-5)

幅宽:72cm(双幅);全长:292.69cm;单耗:292.69cm;使用率:81.14%。

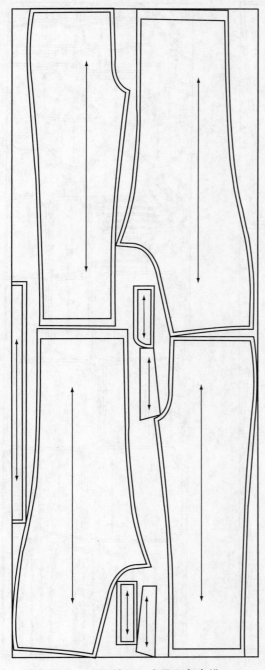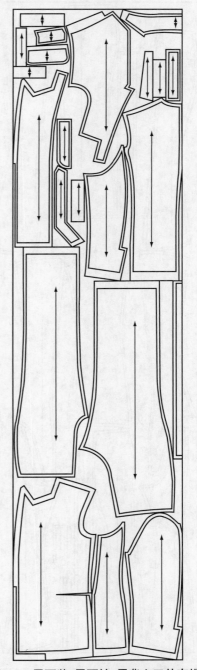

图 9-4　女西裤——中号两条套排　　　　图 9-5　男西装、男西裤、男背心三件套排

（五）变化的女西裤——中号两条套排（图 9-6）

幅宽：112cm；全长：294.19cm；单耗：147.10cm；使用率：69.89％。

（六）女衬衫——大、中、小号三件套排（图 9-7）

幅宽：112cm；全长：417.30cm；单耗：139.10cm；使用率：79％。

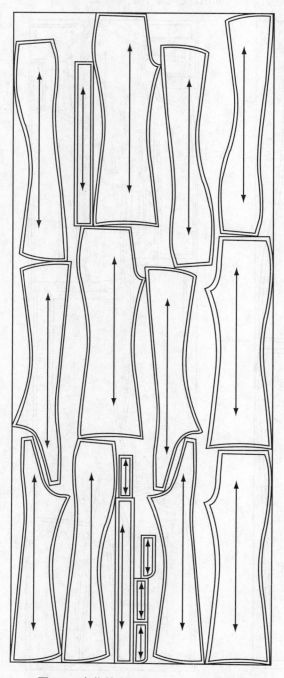

图 9-6　变化的女西裤——中号两条套排

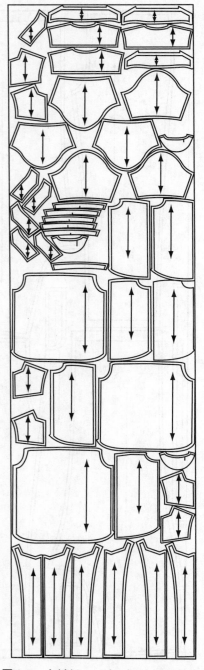

图 9-7　女衬衫——大、中、小号三件套排

（七）变化女衬衫——大、中、小号三件套排（图 9-8）

幅宽：112cm；全长：373.19cm；单耗：124.4cm；使用率：72.72％。

（八）女时装——大、中、小号三件套排（图 9-9）

幅宽：72cm（双幅）；全长：393.12cm；单耗：131.04cm；使用率：72.61％。

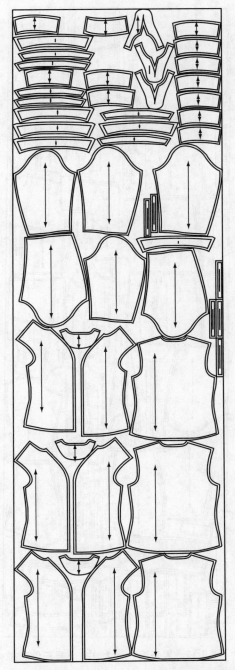

图 9-8　变化女衬衫——大、中、小号三件套件

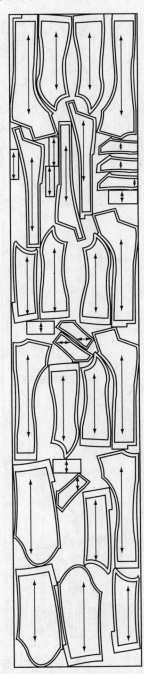

图 9-9　女时装——大、中、小号三件套排

（九）男衬衣——大、中、小号三件套排（图 8-10）

幅宽：112cm；全长：494.4cm；单耗：164.8cm；使用率：85.85 ％。

（十）男夹克——大、中、小号三件套排（图 9-11）

幅宽：144cm；全长：434.36cm；单耗：144.79cm；使用率：83.04 ％。

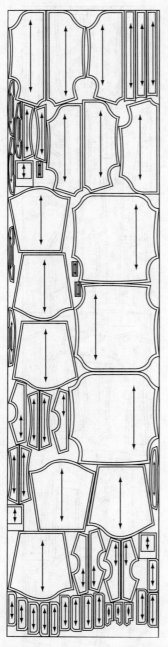

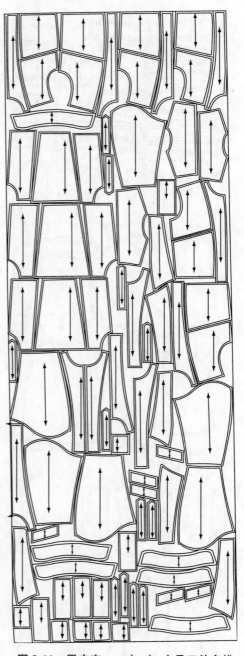

图 9-10　男衬衣——大、中、小号三件套排　　　　图 9-11　男夹克——大、中、小号三件套排

（十一）男西装——中号单件对条对格（图 9-12）

幅宽：72cm（双幅）；全长：170.19cm；单耗：170.19cm；使用率：74.45 ％。

（十二）男中山装——中号单件（图 9-13）

幅宽：90cm；全长：239.50cm；单耗：239.50cm；使用率：82.23％。

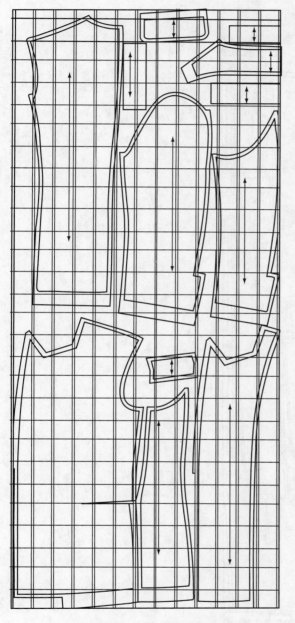

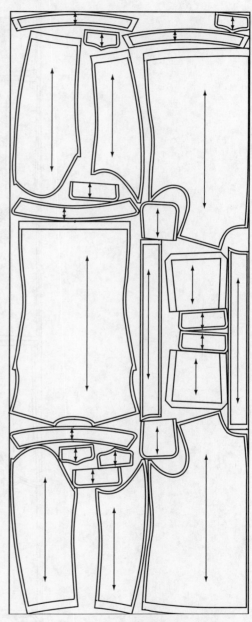

图 9-12　男西装——中号单件对条对格　　　　　图 9-13　男中山装——中号单件

（十三）男风衣——大、中、小号三件套排（图 9-14）

幅宽：72cm（双幅）；全长：617.87cm；单耗：205.96cm；使用率：83.19 ％。

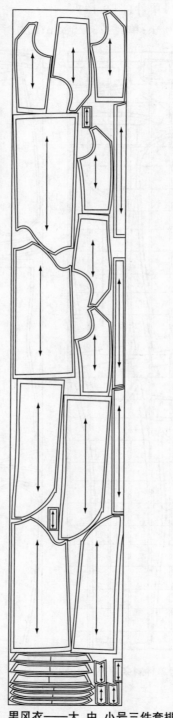

图 9-14　男风衣——大、中、小号三件套排

思考题和练习题

1. 服装工业纸样设计的主要内容包含哪些?
2. 服装工业纸样设计的常用术语有哪些?
3. 服装工业样板可分为几大类? 具体内容有哪些?
4. 如何确定服装的基准纸样?
5. 学习和理解《服装号型》系列国家标准。
6. 国家标准男女体型分类的要求是什么?
7. 国家标准男女体型的档差主要区别是什么?
8. 服装工业纸样加放缝份主要与什么有关?
9. 学习和掌握服装工业纸样的缝份指示标志。
10. 服装工业纸样应标注的主要内容有哪些?
11. 学习和理解服装工业纸样的技术文件。
12. 学习和理解男女人体构造与体型特征。
13. 男女人体体型的主要差别有哪些?
14. 70cm 左右衣长的档差规格是如何确定的?
15. 不同长度衣长的档差规格又是如何确定的?
16. 背长档差、前后腰节长档差是如何确定的? 男女有何不同?
17. 胸围线的档差值应考虑的因素有哪些? 为什么?
18. 前胸宽和后背宽的档差值应考虑的因素有哪些?
19. 前胸宽、后背宽、袖窿宽这三者在女人体胸围中所占的百分比约为多少?
20. 前胸宽、后背宽、袖窿宽和袖肥档差的关系如何?
21. 前胸宽、后背宽、袖窿宽和肩宽档差的关系如何?
22. 思考号型同步配置和号型不同步配置的不同点。
23. 学习服装样板推档的原理,分别用三种不同的坐标轴对日本文化式原型(第六版)进行放码,并思考其各自的特点?
24. 学习服装样板推档的原理,分别用三种不同的坐标轴对东华原型进行放码,并思考其各自的特点?
25. 如何确定成品规格档差和细部的档差?
26. 比较与分析日本文化式原型(第六版)与东华原型的推档原理的基本理论。
27. 在服装风格保型时需考虑哪些因素?
28. 学习和理解保"量"与保"型"的关系。
29. 直筒裙中裙长的档差是如何确定的? 对不同长度的裙长的档差又是如何来确定的?
30. 请作出后片装拉链直筒裙的位移点[S=6.5 英寸(16.5cm);M=7 英寸(17.8cm);L=7.5 英寸(19.1cm)]。
31. 在直筒裙中,如把坐标原点设在前腰中点进行推档,试比较这两种不同的推档方法。

32. 当直筒裙中的成品规格尺寸和档差不变,而侧缝处又需保型时如何进行推档?

33. 在变化裙子中,遇到不规则的分割和展开时,如何确定各点的位移量和位移方向?

34. 在变化裙子中,裙腰贴边是如何制图的,布纹线可变化吗?

35. 自行设计一条变化的裙子,并完成其全套工业样板。

36. 长裤的裤长、腰围、臀围的档差按 5·4 系列是如何确定的? 按 5·2 系列又是如何确定的?

37. 不同款式特点的裤子,中裆部位的位移量是不同的,为什么?

38. 不同形状的裤口,在确定裤口的档差时,有何不同,为什么?

39. 变化的牛仔裤,立裆的档差为何取值小?

40. 为什么熨烫样板尺寸比净样板尺寸会减少?

41. 女西裤、男西裤、变化的牛仔裤在侧缝处推档时有何不同?

42. 女衬衫的肩宽档差为什么取 1.2cm? 如果按国家标准取 1cm 进行推档会产生什么情况?

43. 女衬衫的前衣长、后衣长和后中衣长的档差为什么是不相等的? 是否取相等的档差?

44. 女衬衫的领面和领里的布纹线是如何确定的?

45. 变化女衬衫的肩宽档差为什么按国家标准取 1cm?

46. 变化女衬衫与女衬衫在围度方向进行推档时有何不同?

47. 变化女衬衫的前腰省在推档中,如在 X 方向需作进一步变化时,应如何变动?

48. 变化女衬衫与女衬衫的袖山头在推档时有何不同,为什么?

49. 女时装的前片在推档时,其整体推法和分割后的推法有何不同,为什么?

50. 女时装的面子样板和里子样板有何不同?

51. 男衬衫按号型不同步配置时,如何进行推档?

52. 宽松服装的胸围档差为什么不按 5·4 系列来确定?

53. 如果男夹克的胸围档差取 10cm,则其他部位的档差如何确定(参考表 7-8)?

54. 男夹克前胸宽的变化量是如何确定的? 加大或减小前胸宽的变化量版型会产生什么现象?

55. 男夹克的整体推法和分割后的推法,其结果是否一样? 试分析。

56. 男夹克的袖山头和袖肥的档差应如何确定?

57. 男夹克的胸围线的档差应如何确定?

58. 西装领的领口(平驳领、戗驳领)在推档时需注意什么?

59. 按国家标准 5·4 系列,男女西装的胸围线的档差取值是否一样?

60. 男西装的前、后横开领的档差是如何确定的?

61. 男西装和男中山装的肩点的档差是如何确定的,为什么?

62. 在男背心不用考虑衣袖与衣身的配伍时,为什么前、后片 A 点的放缩量仍取 0.8cm,而不是取 $0.67cm = \Delta B/6$?

63. 男背心的前后横宽领的档差为什么取 $0.2cm(\Delta N/5)$,而不是取 $0.33cm = \Delta B/12$? 否则将会出现什么问题?

64. 学习和理解排料工艺的基本要求。

参考书目

1. 张文斌主编. 服装结构设计[M]. 北京：中国纺织出版社，2006.

2. 张文斌主编. 服装制板·初级[M]. 上海：东华大学出版社，2005.

3. [日]中泽愈. 人体与服装[M]. 袁观洛，译. 北京：中国纺织出版社，2000.

4. 国家技术监督局. 服装号型. 国家标准 GB/T1335.1～1335.3—1997.

5. GB/T 1335.3—2009，服装号型 儿童(S).

6. GB/T 1335.1—2008，服装号型 男子(S).

7. GB/T 1335.2—2008，服装号型 女子(S).

8. 管素英. 4～6岁学龄前儿童体型研究[D]. 天津：天津工业大学，2007.

9. 梁亚林，张欣，何素恒，马晓燕，孙国华，姜丹. 6～12岁学龄儿童体型的数据测量与分析[J]. 西安工程科技学院学报，2004(02)：115—120.

10. 王式竹，王革辉. 基于服装生产的4～6岁儿童体型回归模型研究[J]. 上海纺织科技，2012，40(03)：1—3+36.

11. 王玉红，马芳. 3～6岁儿童上体体型数据分析[J]. 山东纺织经济，2012(10)：77—78+103.

12. 孟灵灵，吴志明. 学龄期儿童体型变化分析[J]. 纺织科技进展，2006(01)：88—90.

13. 王玉红. 石家庄地区3～6岁儿童体型分析及服装结构研究[D]. 石家庄：河北科技大学，2012.

14. 欧阳现，黄利筠. 基于童装和成人服装结构制版的比较和分析[J]. 轻纺工业与技术，2015，44(06)：14—15+37.